新疆野生药用植物资源数字化建设研究

古丽米拉·克孜尔别克　叶尔江·哈力木
李辉　孙伟　等　著

中国农业科学技术出版社

图书在版编目（CIP）数据

新疆野生药用植物资源数字化建设研究/古丽米拉·克孜尔别克等著. —北京：中国农业科学技术出版社，2025.6. — ISBN 978-7-5116-7479-1

Ⅰ. Q949.95

中国国家版本馆CIP数据核字第20254UU160号

项目支撑：国家自然科学基金（61662080），自治区高校基本科研业务费（XJEDU2025Z004），科技创新2030—"新一代人工智能"重大项目（编号：2022ZD0115805）；新疆维吾尔自治区重大科技专项"农场数字化及智能化关键技术研究"（编号:2022A02011）。

责任编辑	闫庆健
责任校对	王 彦
责任印制	姜义伟　王思文

出 版 者	中国农业科学技术出版社 北京市中关村南大街12号　　邮编：100081
电　　话	（010）82106632（编辑室）　（010）82106624（发行部） （010）82109709（读者服务部）
网　　址	https://castp.caas.cn
经 销 者	各地新华书店
印 刷 者	北京捷迅佳彩印刷有限公司
开　　本	140 mm×203 mm　1/32
印　　张	7
字　　数	180千字
版　　次	2025年6月第1版　2025年6月第1次印刷
定　　价	60.00元

——— 版权所有·侵权必究 ———

《新疆野生药用植物资源数字化建设研究》著者名单

主　著　古丽米拉·克孜尔别克　叶尔江·哈力木
　　　　　李　辉　孙　伟
副主著　海拉提·克孜尔别克　巴合提拜克·白达合买提
　　　　　胡阿提　阿依肯·莫力大肯
参　著　刘军霞　古丽娜拉·巴合提别克　希仁娜
　　　　　侯文静　古丽扎达·海沙　　阿尔达克
　　　　　张世豪　张　涛　张书振　刘　畅　邱　琴
　　　　　王亚鹏　刘玉耀　蔡潮勇　黄　晟　谭婧雯
　　　　　徐健聪　方学睿　薛泽昊　库木斯·阿依肯
　　　　　余致恒　周华得

内容提要

《新疆野生药用植物资源数字化建设研究》专注于新疆地区丰富的野生药用植物资源的数字化转型，旨在建立一个完善的数字化体系，以促进这些自然资源的有效保护与合理利用。本专著结合新疆阿勒泰地区的野生药用植物资源，围绕植物资源数据集的建设、野生药用植物资源时空数据库构建、生长建模与可视化、野生药用植物适生区研究及野生药用植物资源共享平台建设等内容，来实现野生药用植物资源数字化建设，研究内容致力于打造科研、教育、公众服务于一体的综合数字平台，推动新疆野生药用植物资源的科学管理和可持续发展。

目 录

第1章 野生药用植物的数字化研究现状 ········· 1
一、野生药用植物数字化研究的背景与意义 ········ 1
二、国内外药用植物数字化研究现状 ············· 5
三、总结 ····························· 19
参考文献 ···························· 20

第2章 新疆地区野生药用植物数据集构建 ········ 26
一、引言 ····························· 26
二、新疆阿勒泰山区野生药用植物资源概述 ········ 27
三、数据采集与处理 ······················· 28
参考文献 ···························· 47

第3章 野生药用植物资源时空数据库构建与分布模式研究 ······························ 49
一、国内外研究进展 ······················· 49
二、野生药用植物资源时空数据模型设计与构建 ····· 51
三、野生药用植物资源时空信息管理系统构建 ······· 68
四、基于时空数据库的野生药用植物空间模式研究 ···· 76
五、小结 ····························· 80
参考文献 ···························· 81

第4章 新疆野生药用植物生长建模与可视化系统构建
——以阿尔泰金莲花为例 ························· 86
- 一、阿尔泰金莲花的形态参数与几何建模 ············· 86
- 二、阿尔泰金莲花拓扑结构建模与动态生长模拟 ······· 100
- 三、阿尔泰金莲花三维可视化模拟 ··················· 110
- 四、总结与展望 ································· 135
- 参考文献 ····································· 139

第5章 新疆地区野生药用植物适生区研究 ············· 144
- 一、研究背景 ··································· 144
- 二、国内外研究现状 ····························· 145
- 三、环境变量数据 ······························· 150
- 四、模型建立及适生区划分 ······················· 177
- 五、结果与分析 ································· 181
- 六、总结 ······································· 188
- 参考文献 ····································· 189

第6章 新疆地区野生药用植物资源共享平台建设 ······· 192
- 一、药用植物资源共享平台建设的背景和意义 ········· 192
- 二、野生药用植物资源共享研究现状 ················· 193
- 三、共享平台的关键技术和相关工具 ················· 194
- 四、需求分析和框架设计 ··························· 198
- 五、共享平台的搭建及其功能模块实现 ··············· 203
- 六、总结 ······································· 214
- 参考文献 ····································· 214

第1章
野生药用植物的数字化研究现状

一、野生药用植物数字化研究的背景与意义

(一)研究背景

新疆维吾尔自治区(以下简称"新疆")地处欧亚大陆腹地,位于亚洲中部、中国西北地区(34°22′~49°33′ N, 73°40′~96°18′ E),面积166.49万平方千米,约占中国国土总面积的1/6,是中国陆地面积最大的省级行政区。全区地形呈显著的"三山夹两盆"特征,从北向南依次为阿尔泰山脉、准噶尔盆地、天山山脉、塔里木盆地和昆仑山山脉[1]。全区干旱少雨,冬寒夏炎,属于典型的温带大陆性气候。从空间分布来看,盆地四周山地环绕,山麓地带分布着大小不一的绿洲。从绿洲向盆地延伸,主要是温带沙漠或荒漠。山地作为盆地的径流形成区,其高山冰川积雪融水与山地降水构成了荒漠盆地河流与地下水的主要水源。在这种地理环境下,山地及其山麓绿洲成为人类生产生活的重要区域。此类区域景观与地形复杂,气候变化显著,孕育了丰富且独特的植物资源[2]。

在市域空间层面,阿勒泰地区、伊犁哈萨克自治州和塔城地区是植物资源最为丰富的三个区域。这些地区拥有大面积的山

区,如阿尔泰山、天山和塔尔巴哈台山等山脉,均以丰富的植物多样性而闻名[3]。从垂直分布特征来看,植物在各垂直带上均有分布,其物种数量随海拔高度升高呈现先增加后降低的单峰分布模式,并集中分布在中海拔区域。这种分布模式的形成可能是由于在干旱和半干旱区中,随着海拔高度的上升,水分增加而热量下降,中海拔地段的水热条件更适宜多数物种的生存和生长[4]。例如,以"绒长、品质好、产量高"著称的新疆棉,其种植面积占全国棉花种植面积的70%,产量占全国棉花总产量的87.3%[5]。

植物资源在维持自然植被平衡、支撑农牧业产业发展和保护生态环境等方面发挥着重要作用,被誉为"牧草女王"的紫花苜蓿(*Medicago sativa*)在新疆的种植面积居全国第三位。同时,新疆的大枣产量约占全球的30%[6]。这些植物资源不仅在农业经济中占据重要地位,还在民生保健中具有不可替代的作用,特别是在初级卫生保健领域。在发展中国家,草药的使用比例高达80%[7]。药用植物资源已被广泛认识并应用于疾病防治、维护人类和动物健康,以及杀虫、除草等。根据世界卫生组织(WHO)的统计,全球约有40亿人通过食用药用植物进行疾病治疗和身体调养,占全球总人口的70%~80%。相关机构预测,药用植物产业将是未来几十年人类经济社会发展的重要产业之一[8]。

20世纪70年代以来,随着我国改革开放、西部大开发战略和"一带一路"倡议的实施,土地等资源被大规模开发利用,导致地表植被破坏和土地利用类型变化等诸多环境问题[9]。与此同时,气候变暖等现象显著加剧了对自然环境及重要农业遗传资源的威胁。最新统计数据显示,全球已知的25791种药用植物中,有13%被列入世界自然保护联盟(IUCN)红色名录(2020)中的受威胁物种[10],由此可见,新疆的野生药用植物资源正面临着来自人为活动和气候变化影响的双重威胁。若不及时采取有针对性的保护措施，许多重要植物资源可能永久消失。因此，开展新疆植物资源多样性保护研究已迫在眉睫。

相关部门曾组织专家对新疆植物资源进行了大规模的本底调查。1957年，中国科学院新疆综合考察队对新疆植物资源进行了全面考察与标本采集，并于1978年出版了区域性植被专著《新疆植被及其利用》[11]。此后，为落实国家各项任务及不同部门的资源植物调查需求，广大科研工作者积累了大量的原始资料和采样数据，陆续出版了《新疆植物检索表》[12]《新疆植物志》[13]《新疆经济植物及其利用》[14]和《新疆植物志·简本》[15]等权威性专著。这些基础调查成果为研究新疆植物资源的现状和多样性分布奠定了重要的数据基础。在此背景下，随着信息技术的快速发展，传统药用植物研究正逐步向数字化方向转型。通过信息化手段，对药用植物资源进行数据采集、分类整理、结构化存储和深入分析，能够为资源保护与可持续利用提供更科学的依据和技术支持。

在药用植物信息化研究中，建立高质量的药用植物数据库和数字化信息平台至关重要。药用植物数据库的建设需要对大规模原始、分散且不规范的植物信息进行整理、补充和完善，以形成系统化的数据支撑。尽管目前国内外多家研究机构已建立了各具特色的药用植物数据库，但在数据完整性、准确性和系统性方面仍有待进一步提升。

与此同时，作为植物信息学的重要载体，数字化信息平台在药用植物研究领域发挥着日益重要的作用。该平台通过先进的信息技术手段，实现了对植物有机体数据的系统管理与深度分析，显著提升了信息收集、存储、检索与分析的效率，尤其在物种分

类和资源鉴定等领域。然而，值得注意的是，现代数字化平台主要关注单一物种分类群的特征描述，缺乏对系统发育学、进化生物学和居群生物学等多个生物学分支学科的广泛涉及，因此限制了其为药用植物学研究提供多维度分析视角的能力。

（二）研究意义

随着中医药现代化进程的推进，药用植物的数字化研究正焕发出新的生机，其研究价值和应用前景受到广泛重视。党的十八大以来，党中央对中医药的传承与创新高度重视，推动了相关政策的发布。2019年，中共中央、国务院发布了《关于促进中医药传承创新发展的意见》，明确了中医药发展的目标和任务，并指出药用植物领域在人才建设和创新方面存在的不足[16]。2021年10月，中共中央、国务院印发了《国家标准化发展纲要》，将"标准数字化水平不断提高"作为战略目标之一，提出发展机器可读标准、开源标准，推动标准化工作向数字化、网络化、智能化转型。同年12月，国家标准化管理委员会、中央网络安全和信息化委员会办公室、科学技术部等10部门联合印发了《"十四五"推动高质量发展的国家标准体系建设规划》，提出深入推进国家标准数字化试点，探索增加机器可读标准、开源标准、数据库标准等新型国家标准供给形式，并探索建立支撑国家标准数字化转型的信息系统[17]。2022年12月，中共中央、国务院印发了《扩大内需战略规划纲要（2022—2035年）》，明确提出要积极参与数字领域国际规则和标准制定。2024年3月，国家市场监督管理总局等18个部门联合发布了《贯彻实施〈国家标准化发展纲要〉行动计划（2024—2025年）》，进一步强调要积极推进标准数字化研究，构建标准体系框架，并开展标准数字化试点。在此背景下,推动药用植物数据库和数字化平台建设,不仅能够弥补现有研究空白,还能提升医药研究水平,对促进区域药用植物资源的开发和利用具有重要意义[18]。

以新疆为例,该地区药用植物资源丰富,全疆各地蕴藏着大量野生及人工栽培的药用植物,但受限于缺乏完整的药用植物资源信息查询平台,导致新疆药用植物信息化建设相对滞后,不仅影响了全国药用植物信息化的整体发展进程,更制约了对新疆药用植物资源储量的全面评估和科学利用。为全面清查药用植物资源家底,我国于2011年实施了"第四次全国药用植物资源普查试点"工作,新疆作为试点省区之一,于2012年4月开始,分别在昌吉、巴州、和田、阿勒泰、伊犁5个地州的20个试点县,按照国家"全国药用植物资源普查实施方案"进行了新疆药用植物野外普查工作[19]。这充分说明了党和国家对新疆地区药用植物研究的重视,而且通过数字化研究,不仅可以系统化保存野生药用植物的生物学特性、药理作用及生态分布等信息,还能促进这些资源的利用、保护和传承,因此在现有基础上,建立一些具有高实用性、低重复率且信息全面、查询功能丰富的药用植物数据库和数字化信息平台,将更好地满足新疆植物资源多样性的保护研究。

二、国内外药用植物数字化研究现状

(一)国外研究现状

药用植物的数字化研究在全球范围内得到了广泛关注。各国学者和研究机构通过多学科交叉合作,利用先进的数字化技术推动了药用植物资源的保护与开发。许多国外机构已经建立了全球化的药用植物数据库，为相关研究提供了重要支撑。早在20世纪60年代，发达国家就开始使用计算机管理植物信息，到80年代已形成了较为完善的网络结构。目前已报道的稳定数据库包括：亚利桑那州植物疾病数据库（Arizona Plant Disease Database）、巴布亚新几内亚药用植物数据库（A Medicinal Plant Database of Papua New Guinea）、巴西药用植物四十年研究数据库（Forty Years of Brazilian Medicinal Plant Research）、德国植物入侵生态特性新型数据库（A New Plant-Trait Database as a Tool for Plant Invasion Ecology）、以及水生、湿生和入侵性植物检索数据库（Aquatic, Wetland and Invasive Plant Database）等[20]。

近年来，国际上陆续报道了多个已基本建成或在建的植物数据库。例如，Lehrer等开发的交互式木本观赏植物选择网络查询数据库（An interactive online database for the selection of woody ornamental plants），该数据库不仅包含详尽的植物图文信息，还提供多种查询途径，并设有用户评论专区，以收集各类使用者的建议，从而验证数据的可靠性及数据库设计的合理性和便捷性，实现了使用者与数据库管理者之间的线上实时交流。此外，Peat报道的南极植物数据库（The Antarctic Plant Database: a specimen and literature-based information system）是一个以标本和文献资料为基础的信息管理系统，其数据来源于保存在世界各地的5万多份南极及其周边地区的植物腊叶标本。该数据库与地理信息系统相结合，提高了所收集植物资料的准确性，对研究物种分布状态和生物多样性等具有重要帮助[21]。Westerdahl开发的寄生线虫寄主植物数据库（NEMABASE: a database of the host status of plant species to parasitic nematodes）收录了来自96个国家的相关数据。

该数据库的核心资料来源于过去 90 年间发表在 6 种植物线虫学核心期刊上的 4747 篇文章,具有较高的权威性,实现了信息的纵向和横向深入扩展[22]。Pangga 报道的东南亚国家联盟植物多样性信息共享系统[Biodiversity Information Sharing System(BISS)on ASEANplants database]整合了除缅甸外所有东盟国家的数据,便于从科学家到普通民众等各阶层用户使用。该系统还可链接至东盟各国的博物馆、干燥标本集以及民间私人收藏,并计划建立各国网络分节点[23]。此外,该数据库平台与莱顿国际腊叶标本网站联网,提供超过 15437 个物种的数据,这些数据可通过 Google 图像搜索平台进行在线检索,具有广泛的适用性[24]。

此外,在拉丁美洲、非洲和东南亚,传统药用植物知识的数字化保护得到了高度重视。以秘鲁亚马逊地区为例,当地土著居民使用药用植物的传统经验已被记录在药用植物知识库中。秘鲁国家农业创新研究所(INIA)与亚马逊研究中心合作,开发了专门的药用植物数据库。该数据库整合了植物学、化学、药理学等多学科数据,并利用 AI 技术分析植物化学成分与药理作用之间的关系,以预测潜在的药物候选分子。通过图像识别技术和植物分类学数据库,研究人员记录了药用植物的形态特征、学名和分类信息。高分辨率图像和 3D 建模技术被用于展示植物的叶片、花朵、果实等特征。同时,化学分析和药理学研究揭示了植物中的活性成分(如生物碱、萜类)及其作用机制。此外,地理信息系统(GIS)技术被用于记录植物的分布范围、生长环境和生态需求,为全球药物研究提供了独特的资源[25]。

联合国教育、科学及文化组织(UNESCO)支持的数字化项目致力于保存和传播非洲传统药用植物知识,推动其科学化和现代化应用。与此同时,国外研究机构也在积极开发数字化平台和

技术工具，以支持药用植物研究。例如，The Plant List 作为全球植物物种的权威名录，通过数字化手段和标准化方式登记植物名称和分类信息，并将数据以结构化形式存储，便于查询和分析。该平台涵盖植物名称、分类层级、同义词等信息，并支持定期更新，提供免费在线访问。用户可通过网站搜索植物信息，为生态恢复提供数据支持。数字化平台使植物学知识更易获取，促进了公众对生物多样性的了解。然而，该平台也存在一定的局限性：用户只能下载部分数据，且格式和内容有限；API 接口未完全开放；界面虽然简洁，但功能有限；平台扩展性不足，难以支持大规模数据更新或用户并发访问[26]。

Chemical Biologicd Library（CHEMBL）数据库收录了大量药用植物的活性化合物及其药物靶点信息，为新药开发提供了重要的数据支持。随着数字化技术的快速发展，药用植物的研究逐渐从传统的实验室分析转向多学科融合的数字化研究模式。国外研究者利用遥感技术（RS）和地理信息系统（GIS）监测药用植物的分布和生态环境，结合数字化手段实现资源的高效管理和可持续利用。例如，印度的一个药用植物遥感监测项目通过卫星影像和多光谱数据分析，动态监测重要药用植物的分布变化，并结合数字化模型预测其生长趋势，为资源保护和合理开发提供了科学依据[27]。

在美国，国家生态观测网络（NEON）通过采用高分辨率遥感技术和数字化生态系统模型，系统评估了气候变化和人类活动对药用植物资源的影响。这些数据不仅为药用植物的保护工作提供了科学依据，也为药物研发中的资源筛选和可持续利用策略提供了重要参考。此外，药用植物的数字化研究已拓展至数据库整合与共享领域。以 The Plant List 为例，该平台整合了包括 Kew

Gardens 和 Missouri Botanical Garden（MOBOT）在内的多个植物学数据库，为药用植物的分类和命名提供了标准化参考。然而，由于该平台主要依赖人工审核机制，其更新频率和覆盖范围存在一定局限性，难以充分满足快速发展的药用植物研究的需求[26]。

未来，药用植物数字化研究可进一步整合人工智能（AI）与机器学习技术，实现药用植物活性成分的快速筛选与精准预测。同时，借助区块链技术，可确保数据的透明性与可追溯性，从而推动全球药用植物资源的共享与合作。此外，开发基于遥感（RS）、地理信息系统（GIS）和人工智能的综合数字化平台，将有助于实现药用植物资源的动态监测、精准保护与可持续开发，为药物研发与生态保护提供更强大的技术支持。

（二）国内研究现状

国内在药用植物资源数字化、成分分析、药理作用研究等方面取得了显著进展。1991年，蒋齐在PC-1500计算机上进行了昆虫分类检索表的编写及应用；王志勇、方伟对微机编制中文植物分类检索表进行了初步研究[28]。中国科学院植物研究所依托国家"七五"重点建设项目"科学数据库及其信息系统"，于1987年开始系统、全面地研制开发中国经济植物数据库，并在"七五"期间建立完成了12个子数据库，总信息量9.296 MB。截至"九五"末，已完成"中国植物物种数据库""中国种子植物特有属数据库""植物物种编目数据库""中国植物图谱数据库（包括水生植物、饲用植物、特有种子植物、有毒植物、禾本科、兰科、菊科、蔷薇科及杜鹃花科等子库）"。这些早期工作为植物数字化研究奠定了坚实基础，并推动了药用植物资源数字化管理的进一步发展[29]。

本节从三个维度系统阐述植物数字化的发展现状。首先，从历史名园植物数字化的演进脉络出发，梳理其发展历程与现状特征；其次，聚焦科研院所与高等院校在植物数字化领域的研究进展，分析其技术路径与创新成果；最后，针对国内植物数字化标本库的建设现状，深入探讨其技术体系、数据规模及应用价值。通过这三个层面的系统论述，旨在全面呈现我国植物数字化发展的整体状况。

1. 历史名园植物数字化发展概况

20世纪80年代末，国内植物园开始探索利用计算机技术建立植物数据库，以实现对植物种质资源的系统化记录、管理和科学研究。1988年，南京中山植物园率先启动了"植物种质数据的计算机管理系统"研究项目，成功开发了植物信息管理子系统。该系统经过多年的完善与优化，于1994年正式投入使用，标志着我国植物园在数字化管理领域迈出了重要一步[30]。这一举措不仅填补了当时国内植物数据管理系统的空白，还开启了植物记录的数字化管理模式。

20世纪90年代末至21世纪初，随着计算机技术的迅速普及与深入应用，国内部分植物园开始积极探索植物信息数字化管理的新路径，并在此领域取得了阶段性成果。北京植物园和华南植物园率先引入地理信息系统（GIS）、全球定位系统（GPS）及遥感技术（RS），成功将植物资源数据库与植物定植地理信息进行关联，实现了植物的精准定位。同时，通过制作植物定制电子地图，初步构建了植物信息数字化管理体系，为植物资源的科学管理与保护奠定了重要基础[31]。与此同时，中国科学院下属的多所植物园在植物信息数字化领域进行了多项创新尝试。通过植物建模和虚拟三维景观构建，这些植物园不仅实现了基于地理信息系

第 1 章 野生药用植物的数字化研究现状

统（GIS）的植物网络数字化管理，还进一步拓展了科普服务功能。包括植物标牌信息数字化、景区网络地图开发以及植物展示活动信息的在线发布等。此外，植物园还成功研制了三维动画导游导视系统，并将其应用于科普网站，为公众提供了更加直观、互动的数字化游览体验，推动了植物科普教育的现代化发展。

21 世纪初，植物数字化管理技术不再局限于植物园等科研单位，而是广泛应用于更多有植物保护需求的管理机构。管理平台的功能逐渐丰富，呈现多元化和综合化趋势。自 2005 年 7 月起，苏州拙政园率先构建了古典园林监测预警动态信息系统管理平台。该系统具备信息网络功能，能够对园林景观（植物）、自然环境和文物资料等重点保护项目进行实时监测[32]。此外，国家林业和草原局推出了全国草原有害生物普查系统和林草系统多样性检测平台，用于对包括历史名园在内的全国大范围区域进行林业有害生物统计。

自 21 世纪 10 年代以来，随着科技的飞速发展和互联网的迅速普及，大数据、物联网等先进信息技术在各行各业得到广泛应用。基于这些技术，政府职能部门和专业科研机构开始研发并推广智慧数字化管理平台，充分利用计算机强大的数据分析与处理能力，逐步推动园林绿化管理向高效化和精细化方向发展。2011 年，住房和城乡建设部城乡规划管理中心启动了"城市园林绿化信息管理与辅助决策系统"的研发工作。该平台能够快速掌握城市园林绿化建设现状，精准量化评估建设水平，并为园林绿化投入方向提供科学决策支持，从而显著提升了园林绿化管理的效率与精细化水平[33]。2017 年，开封市以智能巡管养模式，建立了以移动 App 为数据采集工具，集人员管理、园林养护、巡查管理、日常办公、绩效考核于一体的综合监管体系，构建了城市园

林绿化智慧化管理新模式[34]。历史名园作为城市园林的组成部分，也随之进入了管理模式转型的探索阶段。

然而，历史名园在植物管理与展示方面仍存在明显不足，特别是在现代化科技手段的应用上，其广度和深度均有待提升。目前，这些园林普遍缺乏完善的数字化管理和展示平台。尽管植物数字化建设已取得初步成果，但其涉及范围相对有限，系统集成度较低。现有的数字化工作主要集中于宏观层面的数据统计与分析，而在底层设计以及原始数据的获取与反馈机制方面仍显不足。

新技术的应用存在显著差距，如云服务、区块链、虚拟现实和人工智能等技术尚未充分融入植物管理体系。数字景观建设仍显简单粗糙，数据规模较小，应用范围有限，且因经费制约，大多停留在示范阶段。历史名园的信息化和数字化进程未达预期，主要由于监测、运营及内部管理各自为政，缺乏统一标准和数据共享机制，导致系统重复建设现象严重。

当前管理模式仍以传统人工为主，过度依赖经验，缺乏数字化认知和必要设备（如物联网传感器、智能监测设备等），导致数据收集不全面、误差较大，无法实现自动预警和智能调控。此外，植物地下根系探查技术尚不完善，难以获取树木地上、地下的完整三维数据，影响对植物生长状态的定量分析和科学评价。部分监测设备可能损坏树体，使用不当甚至导致植物死亡，而古树名木资源具有不可再生性，一旦损失将对社会造成重大影响[35]。

2. 科研单位与高等院校植物数字化研究进展

近年来，国内多个药用植物数据库和资源平台相继建立，为药用植物的研究和保护提供了强有力的支持。为满足特定需求，一些科研单位和高等院校编制了若干专类植物数据库和区域性植物数据库。例如，2005年南京航空航天大学与南京中山植物园合作开发了植物信息管理系统，该系统旨在整合和管理南京中山植物园的植物资源信息，包括植物标本、图像、分类信息等，为科研和教学提供支持。系统采用了先进的数据库管理技术，实现了植物信息的快速检索和高效管理，为植物分类学、生态学和保护生物学研究提供了重要数据支持[36]。此外，2003年塔里木大学徐崇志编制的新疆植物信息资源数据库，专注于新疆地区的植物资源，收录了大量新疆特有植物的分类、分布、生态和药用信息，为区域植物研究提供了重要数据。该数据库不仅包括植物的形态特征描述，还提供了详细的生态分布图和采集信息，为新疆植物资源的保护和可持续利用提供了科学依据[37]。新建的药用植物数据和资源平台还包括：香港浸会大学中医药学院研发并维护的"药用植物图像数据库"；中国科学院武汉植物园研发的"植物园主题数据库"下的子数据库："华中药用植物数据库"和"神农架药用植物数据库"；中国中医科学院中药研究所研发的"中国珍稀濒危药用植物数据库"；中国科学院昆明植物研究所承担建设的"中国西南药用植物资源数据库"[38]。

近年来，相关专业的高校和研究所将药用植物系统数据库作为研究热点。例如，孙成忠等为全国第四次中药资源普查工作顺利展开，建立了中国药材资源地图集网络化查询系统。该系统基于全国中药资源普查数据统计，旨在以地图集的形式直观、全面、系统地展示中药资源普查成果[39]。盛魁为安徽省亳州中草药资源设计了基于.NET框架的中草药资源信息系统[40]。此外，还有四川省中药研究所研建设的"中药学图像和文字数据库"以及江西中医学院研建设的"常用中药素材库系统"等。全国各地相

关单位都在努力提高我国药用植物信息化的发展水平,促进药用植物研究的现代化和国际化发展。

2008年,中国科学院植物研究所启动了中国植物图像库(PPBC)项目。截至2023年,PPBC已收录超过41万幅植物图像,其中初步鉴定的图像达24万余张,涵盖301科、2523属,共计11000多种植物。这些图像数据详细记录了植物的各个生长阶段和不同器官,包括根、茎、叶、花、果实和种子等,为植物学研究提供了丰富的素材。每张图像均附有详细的元数据信息,如拍摄地点、拍摄时间、拍摄者以及植物形态特征描述等。此外,PPBC与国内外多家植物学研究机构、植物园和自然保护区建立了合作关系,实现了植物图像资源的共享。自上线以来,PPBC已成为国内外植物学研究的重要资源平台,广泛应用于植物分类学、生态学和保护生物学等领域[41]。

2010年,甘肃农业大学的孙学龙编制了甘肃省稀有濒危植物数据库。该数据库重点收录了甘肃省内的稀有濒危植物信息,包括物种的分布、保护状况和生态特征,为甘肃省的生物多样性保护提供了科学依据[42]。此外,数据库还提供了详细的保护策略和建议,为政府和相关机构制定保护政策提供了参考。山西省生物研究所的岳建英开发了山西高等植物数据库,该数据库涵盖了山西省内的高等植物信息,包括分类、分布、生态和药用价值,为山西省的植物资源管理和保护提供了支持。该数据库特别注重收录山西省特有植物和药用植物,为地方植物资源的开发和利用提供了重要数据[43]。

王果平等详细阐述了新疆药用植物标本数据库的建设内容及存在的问题,并提供了丰富的图像资料和分类学描述,为科研人员提供了宝贵的素材[44]。李润美等针对广州中医药大学药用植物实验室的蜡叶标本，开发了蜡叶植物标本数据库系统。该系统详细记录了标本的采集、鉴定和药用信息，并提供了在线检索和下载功能，极大方便了用户获取所需数据。山东中医药高等专科学校于2016年构建了"中医数字标本馆"，该数字标本馆收录了大量中医药相关的植物标本信息，包括图像、分类和药用价值等，并提供了虚拟展示功能，使用户能够通过网络浏览和查询标本信息。张建逵等建立了东北地区药用植物数据库，该数据库专注于东北地区的药用植物资源，收录了该地区药用植物的分类、分布、生态和药用信息，为东北地区的药用植物研究提供了重要数据。此外，数据库还提供了详细的药用成分和药理作用描述，为药物研发提供了重要参考[45]。

沈阳医科大学图书馆与沈阳药科大学药用植物学院联合建设了"药用植物标本数据库"。郭超峰等分析了互联网上公开访问的典型药用植物数据库，包括药用植物数据库、药用植物品种数据库、药用植物图像数据库和海南抗癌药用植物数据库。他们从药物名称、药用植物学、中医药学、化学成分、药理毒理、图片、查询功能以及英文版本等角度对这些数据库的信息内容进行了对比分析，从而开发出具有详细信息的"中泰常用药用植物数据库"。这些数据库涵盖了标本的采集信息、药用信息以及鉴定信息等，促进了传统药用植物的现代化研究[46]。湖南工商大学提出了基于多方安全计算的数字化平台，旨在解决当前药用植物供应链中的造假问题。该研究介绍了药用植物供应链的现状，指出供应链上各节点存在数据孤岛和交互缓慢等问题，导致药用植物造假现象严重。研究分析了供应链中各环节可能存在的假冒伪劣行为，包括药农、原材料供应商、药品生产商和药品销售商等环节。现有的解决方案未充分考虑供应链各方的隐私安全问题。该

平台具备多方协同计算能力，可加强数据流通的可控性，促进信息共享并保障各方隐私安全，为监管部门提供检测分析数据，辅助治理决策的数字化和智能化，从而缓解药用植物造假问题，保障药用植物的质量和安全[47]。

新疆植物数据库建设是我国生物数据库建设的重要组成部分。目前，新疆已建成多个植物相关数据库，其中以中国科学院新疆生态与地理研究所为主导创建的植物标本数据库最为突出。该数据库最初由新疆生态与地理研究所建立，后经新疆大学和新疆农业大学参与建库并维护，其信息不断完善和更新[44]。此外，该研究所还创建并维护了多个专业数据库，包括药用植物、濒危植物、苔藓植物和特有植物等数据库。其中，药用植物数据库收录了约300种新疆药用植物的详细信息，涵盖中文名、拉丁学名、科名、生长环境等数据[48]。这些数据库不仅详细记录了新疆野生药用植物的信息，还为后续的种质资源保护与可持续利用提供了重要数据支持。鉴于新疆地域辽阔、人口稀少，传统的野生药用植物资源采集方法难以全面、准确地获取数据。因此，利用遥感技术、地理信息系统和无人机技术对新疆地区药用植物的分布进行监测，为药用植物资源的数字化管理提供了新的技术手段。新疆农业大学开展了基于遥感与无人机技术的药用植物资源调查项目，通过数字化手段对草原、山地、沙漠等多样化生态区域中的药用植物进行实时监测和分析。

新疆独特的气候与地理条件为药用植物的多样性提供了良好的生长环境。近年来，基因组学和代谢组学在新疆药用植物研究中逐步得到应用。新疆的药用植物，如枸杞、红景天、沙棘、甘草等，已成为基因组学研究的重要对象。新疆大学、阿克苏地区的研究机构已开展枸杞、沙棘等药用植物的基因组测序工作，并揭示其主要有效成分的合成途径。通过代谢组学技术，研究人员采用高通量质谱分析深入研究了这些植物的代谢物成分，并探讨其药效机制[49]。例如，沙棘中的类黄酮、酚酸等成分的代谢路径已得到明确，为其药效研究提供了重要依据。

尽管新疆在药用植物数字化研究方面取得了一些进展，但仍面临诸多挑战。自2020年以来，塔里木大学与新疆托木尔峰国家级自然保护区管理局展开合作，基于该保护区的气候特征、地形特征和植被类型，采用样地和路线调查法，结合GPS定位系统进行标本采集和资料查阅，对保护区内野生药用植物资源进行了全面调查。调查结果表明，新疆托木尔峰国家级自然保护区药用植物资源丰富，但在开发利用方面相对滞后，缺乏完善的药材市场体系，导致部分药用植物资源未能得到有效开发利用，处于自生自灭状态，造成了资源浪费[50]。新疆的药用植物多为野生资源，部分植物面临着过度采集和生态环境破坏的威胁。如何平衡药用植物的开发与保护，确保其可持续利用，是一个亟待解决的问题。新疆药用植物研究亟须加强生物学、信息学、生态学等多学科的融合，提升数字化技术的研究水平，并推动跨学科的协作与创新。

3. 植物数字化标本研究现状

《国际植物标本馆索引》显示，全球176个国家共有3522个标本馆，馆藏标本总量达3.9亿份。其中，馆藏量排名前五位的国家分别是美国（7846万份）、法国（2404万份）、英国（2365万份）、德国（2212万份）和中国（2037万份）。值得注意的是，中国是唯一一个馆藏标本主要来自本国的国家。早在20世纪80年代初期，我国科学技术部、中国科学院等部门以及相关单位的生物科学工作者就已认识到国际生物标本馆研究领域的数字化趋势，并着手开展与国际最新动向同步的生物物种和标本信息数字

化研究。其中，实施力度最大、影响最深远的是科学技术部国家科技基础条件平台项目——原国家标本资源共享平台。自2004年启动以来，国家标本资源共享平台（NSII）由中国科学院植物研究所牵头组建，通过其旗下的植物子平台（CVH）等相关子平台，完成了全国100多家植物标本馆共1000万份标本的规范化整理及数字化表达，并全部实现网络共享。该平台（网站）已成为国内外用户查询中国植物标本及相关植物学信息的重要门户[51]。

迄今为止，已有众多研究探讨了中国数字化植物标本所涵盖的植物类群及其时空分布特征。阳文静对900万条物种分布数据（包括650万份标本记录和250万条文献记录）进行了去重处理，最终获得431万条县级植物分布记录，并据此深入分析了中国植物采集的地理格局及其成因。姜承勇等对216万份标本记录进行了采集时间进程和省份采集情况的分析，基于现有采集信息，预测新疆和西藏地区的植物标本采集具有较大潜力。桂略宁等对1053万份标本记录进行了省份采集情况分析，发现不同地区的采集密度存在显著差异[52]。尹朝露等和王凯莉等分别研究了兰科和蔷薇科的数字标本信息，揭示了这些科属的标本采集分布特征。张玉雪等利用14.9万份杜鹃花科标本信息，分析了中国杜鹃花科植物物种丰富度的分布格局及其与气候因子的关系，结果表明，杜鹃花科植物标本采集较为完整的县级行政区主要分布在长江以南及西南地区，而东北、西北及东部地区相对较少。Qian等对从GBIF和NSII获取的1100万份中国标本信息与物种编目的完整性进行了比较，指出标本数据库的完整程度对物种编目的完整性具有显著影响。这些研究从多个维度揭示了中国植物数字化标本所蕴含的信息和规律，然而，目前仍缺乏从标本数据的层面对采集的时空和类群进行全面深入的分析与研究[53]。

研究结果表明,中国植物标本采集工作呈现出四个高峰期,分别出现在20世纪30年代、60年代、80年代以及21世纪初。其中,20世纪50年代后的标本采集和研究主要由中国学者完成。在空间分布上,省级行政区的标本采集覆盖度较好,但县级行政区的采集工作存在显著不均衡现象。从分类学角度看,科属层面的标本采集覆盖率较高,但近1/5的物种采集量不足。标本采集量不仅与植物分布范围相关,还受到采集地区知名度、科研项目资助以及采集者个人偏好的影响。未来中国植物标本数字化工作应着重于以下两个方面:一是持续挖掘馆藏标本资源,对现有数字化标本信息进行审核与补充,并通过与欧美大型标本馆的信息共享获取其早期历史标本数据;二是充分利用数字化标本信息的分析结果,指导国内标本的精准采集工作,包括采集薄弱地区、空白区域以及采集不足的属种,从而增强实体标本馆的服务能力,提升数字化标本质量。这些措施将为完善植物标本数字化和精准化采集提供科学依据,更好地服务于科学研究和经济社会发展[54]。

三、总结

近年来,随着信息技术的快速发展,国内外在药用植物数字化研究方面取得了显著进展。国际上,发达国家已建立了完善的药用植物数据库和数字化平台,为药用植物资源的保护与开发提供了重要支撑。国内方面,科研单位和高等院校积极开展药用植物数字化研究,建立了多个区域性药用植物数据库和资源平台。新疆作为我国重要的药用植物资源分布区,其独特的地理环境和气候条件孕育了丰富的药用植物资源。然而,由于缺乏系统的数字化管理平台,新疆药用植物资源的保护和利用面临诸多挑战。

尽管如此,新疆在药用植物数字化研究方面仍取得了一定进展,建立了药用植物、濒危植物等数据库,并利用遥感技术、地理信息系统和无人机技术对药用植物资源进行监测。然而,新疆药用植物数字化研究仍面临数据不完整、技术手段落后、跨学科融合不足等挑战。

总之,药用植物数字化研究是保护生物多样性、促进中医药现代化的重要途径。通过加强数字化平台建设、推动多学科融合、提升技术水平,可以有效促进药用植物资源的保护与可持续利用,为中医药事业的发展提供有力支撑。

未来,应加强药用植物资源的数字化采集与管理,推动多学科交叉融合,提升数字化技术研究水平,构建完善的药用植物数字化平台,为药用植物资源的保护与可持续利用提供科学依据和技术支持。同时,应加强国际合作与交流,借鉴国外先进经验,推动新疆药用植物数字化研究的深入发展。

参考文献

[1] 满苏尔·沙比提. 中国省市区地理:新疆地理[M]. 北京:北京师范大学出版社,2012.

[2] 应俊生. 中国种子植物物种多样性及其分布格局[J]. 生物多样性,2001,9(4):393-398.

[3] Yu Y Y, Li J, ZHOU Z X, et al. Response of multiple mountain ecosystem services on environmental gradients: how to respond, and where should be priority conservation [J]. Journal of Cleaner Production, 2021, 278(4):123264.

[4] 刘彬,布买丽娅·吐如汗,艾比拜姆·克热木,等. 新疆天

山南坡中段种子植物区系垂直分布格局分析[J].植物科学学报,2018,36(2):191-202.

[5] 曹吉强,徐红.新疆棉花的发展现状与质量提升对策[J].棉纺织技术,2022,50(6):71-74.

[6] WANG C, HE W, KANG L, et al. Two-dimensional fruit quality factors and soil nutrients reveals more favorable topographic plantation of Xinjiang jujubesin China [J]. PLoS ONE, 2019, 14 (10): e0222567.

[7] LU B, MA M, GAO F, et al. Morphology and molecular phylogeny of two colepid species from China, *Coleps amphacanthus* Ehrenberg, 1833 and *Levicoleps biwae jejuensis* Chen et al., 2016 (Ciliophora, Prostomatida) [J]. Zoological Research, 2016, 37 (3): 176-185.

[8] 周宏英,黄宏辉,陈炜玲,等.野生中药资源的保护与开发利用[J].南方农业,2022,16(14):148-150.

[9] 贺可,吴世新,杨怡,等,近40年新疆土地利用及其绿洲动态变化[J].干旱区地理,2018,41(6):1333-1340.

[10] ANTONELLI A, SMITH R J, FRY C, et al. State of the world's plants and fungi [R]. London: Royal Botanic Gardens (Kew), Sfumato Foundation, 2020.

[11] 中国科学院新疆综合考察队.新疆植被及其利用[M].北京:科学出版社,1978.

[12] 新疆八一农学院.新疆植物检索表[M].乌鲁木齐:新疆人民出版社,1983.

[13] 《新疆植物志》编写委员会.新疆植物志:1-6卷[M].乌鲁木齐:新疆科技卫生出版社,新疆科学技术出版社,

1993—2011.

[14] 沈观冕．新疆经济植物及其利用［M］．乌鲁木齐：新疆科学技术出版社，2010.

[15]《新疆植物志》编写委员会．新疆植物志·简本［M］．乌鲁木齐：新疆人民出版总社，新疆科学技术出版社，2014.

[16] 徐婧．中央财政下达中医药事业传承与发展补助资金超35亿元［J］．中医药管理杂志，2022，30（9）：104.

[17] THE STATE COUNCIL. The Central Committee of the Communist Party of China. The Outline of National Standardization Development［EB/OL］. The Bulletin of the State Council of the People's Republic of China（中华人民共和国国务院公报），2021-10-10［2024-06-11］. https：//www.gov.cn/zhengce/202203/content_ 3635513. htm.

[18] MAC. Chinese standard digital transformation：cognitive interpretation, practical problems and development path［J］. Libr Inf（图书与情报），2023（4）：50-63.

[19] 黄璐琦，陆建伟，郭兰萍，等．第四次全国中药资源普查方案设计与实施［J］．中国中药杂志，2013，38（5）：625-628.

[20] GUINEA. Amedicinal plant database of Papua New Guinea［J］. Science. in-New, 1990, 16（1）：31-35.

[21] PEAT H J. The Antarctic Plant Database：a specimen and literature based information system［J］. Taxon, 1998, 47（1）：85-93.

[22] FERRIS H, Caswell-Chen E P, Westerdahl B B.（Developers）. NEMABASE-a database of the host status of plant species to

parasitic nematodes, 1997 (Disk set1. 2): 5 disks.

[23] PANGGA I C. Biodiversity Information Sharing System (BISS) on ASEAN plants database [M]. Los Banos: Laguna (Philippines). 2004: 50.

[24] 胡杨. 植物数字化检索系统初探 [D]. 呼和浩特: 内蒙古农业大学, 2010.

[25] 薛晓娟, 刘彩, 王益民, 等. 新时代中医药发展现状与思考 [J]. 中国工程科学, 2023, 25 (5): 11-20.

[26] 路红艳, 李伟, 赵欣胜, 等. 2021—2022 年北京市丰台区典型自然保护地植物物种名录数据集 [J]. 中国科学数据 (中英文网络版), 2024, 9 (2): 375-382.

[27] 赵仲麟, 李燕, 苏同福, 等. 化学生物学课程实践性教学探索: 以药物化学 ChEMBL 数据库应用为例 [J]. 广东化工, 2024, 51 (15): 197-199.

[28] 王志勇, 方伟. 微机编制中文植物分类检索表的初步研究 [J]. 重庆师范学院学报 (自然科学版), 1991 (2): 64-72.

[29] 钱宏, 张健, 赵静超. 世界上已知维管植物有多少种？基于多个全球植物数据库的整合 [J]. 生物多样性, 2022, 30 (7): 33-37.

[30] 高秀梅, 贺善安, 顾姻, 等. 南京中山植物园活植物信息管理子系统 [J]. 植物资源与环境, 1996, 5 (1): 43-47.

[31] 王康, 权键, 张佐双. 北京植物园植物信息数字化管理的初步实现 [J]. 中国园林, 2005, 21 (11): 76-78.

[32] 蒋方根. 开展遗产监测科学保护园林 [J]. 中国文物科学研究, 2010 (1): 83-84.

[33] 张晓军,师卫华,许士翔,等.城市园林绿化信息管理与辅助决策关键技术研究与应用[J].建设科技,2016(7):104-105.

[34] 师卫华,王新文,季珏,等.智能巡管养模式下的开封市智慧园林建设[J].园林,2019(5):62-67.

[35] 逯雨晴,王凯琳,李念奇,等.历史名园植物数字化管理与展示发展策略[J].林草政策研究,2024,4(2):69-76.

[36] 周青梅.自然教育活动案例探究:以南京中山植物园"自然物寻宝"为例[J].环境教育,2022(12):60-63.

[37] 徐崇志,李青,刘文杰,等.新疆植物信息资源数据库系统的研究[J].塔里木农垦大学学报,2003(1):14-16.

[38] 彭勇,梁少伟.国内医药信息数据库简介[J].中国中医药信息杂志,1999,6(1):73.

[39] 孙成忠,赵润怀,陈国岭,等.中国药材资源地图集网络化共享系统研究[J].中国现代中药,2009,11(9):5-6.

[40] 盛魁.基于.NET框架的中草药资源信息系统的构建[J].昆明学院学报,2012,35(3):83-85.

[41] 刘启新,褚晓芳,董晓宇,等.中国植物标本馆数字化发展的缩影:江苏省中国科学院植物研究所标本馆(NAS)[J].广西植物,2022,42(S1):71-86.

[42] 孙学刚,杨龙,孙翠青.甘肃省稀有濒危植物数据库及其信息管理系统研制[J].甘肃农业大学学报,2003(4):471-477.

[43] 岳建英,2001.山西高等植物数据库信息系统的建立[D].太原:山西省生物研究所.

[44] 王果平,贾晓光,李晓瑾.新疆药用植物标本数据库建设[J].新疆中医药,2010,28(2):86-87.

[45] 张建逵，赵彦辉，尹海波，等．东北地产药用植物数据库的建设与应用［J］．中国中医药现代远程教育，2014，12（4）：125-126．

[46] 郭超峰，邓家刚，黄克南，等．中泰常用药用植物数据库的构建分析与评价［J］．中医药信息，2013，30（2）：59-60．

[47] 陈斯曼，刘婷．基于多方安全计算的中药供应链的数字化研究［J］．网络安全技术与应用，2024（9）：133-135．

[48] 娜仁花．新疆典型药用植物资源信息查询平台研建［D］．乌鲁木齐：新疆大学，2014．

[49] 田聪，谢丽琼，李冠．珍稀药用植物新疆阿魏种子萌发特性研究［J］．2008，27（5）：88-90．

[50] 王庆朋，代先兴，杨纯，等．新疆托木尔峰国家级自然保护区野生药用植物资源调查［J］．中国野生植物资源，2024，43（9）：110-114，130．

[51] 葛斌杰，严靖，杜诚，等．世界与中国植物标本馆概况简介［J］．植物科学学报，2020，38（2）：288-292．

[52] 姜承勇，余卫星，杨婷，等．基于中国馆藏标本数据分析全国植物标本采集现状及采集趋势预测［J］．科研信息化技术与应用，2018，9（5）：94-101．

[53] 刘晓娟，田青，孙学刚．基于WEB的树木标本馆数字化平台建设［J］．高校实验室工作研究，2014（1）：52-54．

[54] 林祁，杨志荣，包伯坚，等．植物模式标本的考证与数字化：以中国国家植物标本馆为例［J］．研信息化技术与应用，2017，8（4）：63-76．

第2章
新疆地区野生药用植物数据集构建

一、引言

随着信息技术的飞速发展，数字化研究已成为野生药用植物资源保护和可持续利用的重要手段。国内外学者在药用植物资源调查、物种鉴定、化学成分分析等方面已取得显著进展，建立了众多数据库和信息平台，为药用植物的研究和应用提供了宝贵的数据支撑。然而，现有数据库多集中于全国范围或特定区域，针对新疆地区药用植物资源的系统性、综合性数据库仍属空白。

新疆地处亚欧大陆腹地，独特的地理环境和气候条件孕育了丰富多样的药用植物资源，其中许多种类具有重要的药用价值和经济价值。然而，由于缺乏系统的资源调查和数字化整理，新疆药用植物资源的本底资料尚不完善，制约了其深入研究和开发利用。因此，构建一个全面、准确、易用的新疆药用植物数据集，对于摸清新疆药用植物资源家底、促进资源保护和可持续利用、推动中医药产业发展具有重要意义。

据统计，新疆野生药用植物有173科，1823种，727味，常用药400多种[1]。其药用植物资源由北向南可大致分为阿尔泰山区、准噶尔盆地西部山区、天山、昆仑山、阿尔金山、准噶尔盆地、塔里木盆地、东疆盆地等资源区[2]。本书所采用的数据集主要来源于新疆阿勒泰山区（属于阿尔泰山区），因此重点阐述该地区的药用植物数据集的构建过程，包括数据来源、数据采集、数据处理、数据质量描述等，以期为新疆药用植物资源的数字化研究和应用提供基础数据支撑。

二、新疆阿勒泰山区野生药用植物资源概述

阿勒泰山区位于新疆最北端阿尔泰山南麓、准格尔盆地北部，地理位置为 $85°32′\sim91°01′E$，$45°00′\sim49°11′N$，行政区域面积为 11.8×10^4 平方千米，全区辖 1 市 6 县。该地区地貌由高山、丘陵、河流湖泊、沙漠戈壁等组成。阿勒泰地区北部为东北-西北走向的阿尔泰山脉，西南部为东西走向的沙吾尔山脉，山区地势由北向南呈阶梯状逐渐下降。该区域从东西由山脉向丘陵至平坦开阔地过渡，地势由东向西逐渐降低，至西部较为开阔，呈喇叭口状，东北-西南走向至额尔齐斯河与准噶尔盆地为丘陵向平原过渡，相对高差 2800～3800 米，有额尔齐斯河-乌伦古河河间平原以及乌伦古河以南平原，最南部为半固定沙丘沙漠地带。地貌趋势呈北高南低、东南高西北低的特点[3]。

该地区复杂、多样的山地环境、气候与土壤条件孕育了丰富的植物种类，造就了这里丰富的药用植物资源[4]。根据文献记载，阿勒泰山区生有药用植物共 1043 种（包括变种）。所有野生药用植物可分蕨类植物、裸子植物和被子植物三大类型，又可分为 90 科 383 属。其中蕨类野生药用植物共 20 种，分属于 10 科 11 属。被子植物野生药用植物共计 1011 种，分属 77 科 367 属，占阿勒泰地区野生药用植物种类数量的 96.93%。裸子植物野生药用植物共计 12 种，可分属 3 科 5 属。众多的野生药用植物中被列

为珍稀濒危野生药用植物的种类有 48 种，分属 26 科 37 属。

三、数据采集与处理

（一）数据采集

1. 数据采集标准与环境

数据采集的宗旨是确保数据的科学性、规范性、全面性和可重复性，为科学研究和技术应用提供高质量的数据支持[5]。基于这几点，本数据集主要选择新疆阿勒泰山区的多种野生药用植物作为采集目标，该地区生态环境多样，植被丰富，是研究野生药用植物的理想区域，同时数据采集覆盖了不同季节，以确保捕捉到植物在不同生长阶段的形态特征（图 2-3-1）。

骆驼蓬　　　　广布野豌豆　　　　沙枣　　　　蓝蓟

图 2-3-1　药用植物在不同生长阶段的形态特征图像示例

为了增强数据的鲁棒性，采集了不同天气条件下的药用植物图像，以全面反映植物在不同环境下的形态特征和生长状态。具体而言，图像采集工作涵盖了晴、阴、雨天等多种天气条件，确保数据集的多样性和代表性，如图 2-3-2 所示。在晴天条件下，光照充足，能够清晰捕捉到植物的色彩、纹理和细节特征；阴天条件下，光线柔和，避免了强光造成的曝光过度现象，适合记录植物的自然色调；在雨天条件下，重点采集了植物在湿润环境中的形态变化，尤其是叶片在潮湿状态下的特征表现，这对于研究植物的生态适应性具有重要意义。

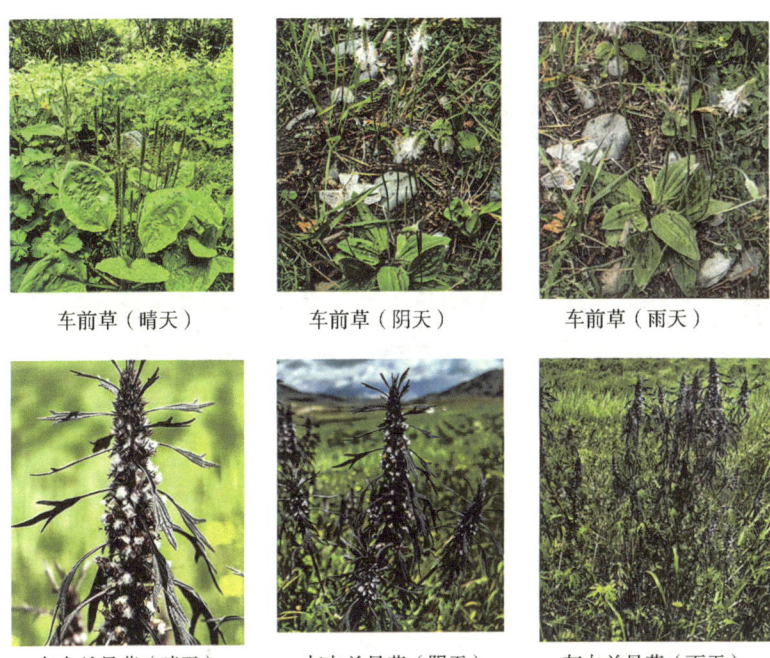

图 2-3-2 不同天气条件下的药用植物示例

此外，为了进一步提升数据的鲁棒性，拍摄过程中还考虑了不同时间段的光照变化，包括清晨、正午、黄昏等时段，以捕捉植物在不同光照角度下的形态特征，如图 2-3-3 所示。同时，针对同一株植物，还从多个角度（如俯视、侧视、仰视）进行了拍摄，确保数据的多视角覆盖。以全面展示植物的整体形态和局部细节，拍摄对象包括但不限于根、茎、叶、花、果实等植物器官，以全面反映植物的形态特征，同时图像背景复杂多样，包括土壤、岩石、其他植被等，真实反映了药用植物的自然生长状态，如图2-3-4所示。

图2-3-3 不同光照角度下的药用植物示例

图2-3-4 具有复杂背景的药用植物示例

2. 采集设备

图像采集设备的质量和特性将直接影响到所采集的图像的质

量和可用性，从而进一步影响到数据集的质量和有效性。高质量的图像采集设备可以捕获更清晰、更准确的图像，这将有助于在训练深度学习模型时提供更准确的特征信息。这对于图像分类、实例分割等任务来说尤其重要，因为这些任务需要模型能够准确地识别和区分图像中的不同元素。采集的图像为新疆阿勒泰地区的珍稀野生药用植物，除需保证植物健康状况良好和清晰度，还需稳定性好的设备，主要使用的数据采集设备为佳能 EOS R5。该相机配备了 4500 万像素的全画幅 CMOS 传感器，支持拍摄 8K 视频（最高 30 帧/秒）和 4K 视频（最高 120 帧/秒），满足图像采集的拍摄需求。此外，相机内置水平校正功能，能够自动修正地平线倾斜问题，进一步提升拍摄精度。

EOS R5 的超长续航能力保证了在长时间拍摄过程中能够持续捕捉清晰、高质量的图像。虽然相机本身不具备防水功能，但通过搭配专业防水外壳，可在雨天或恶劣环境中正常使用。

（二）数据预处理

1. 图片筛选处理

对采集的图片首先进行人工筛选，如图 2-3-5 所示，第一至第三行分别呈现了光照过强、光照过暗和图像模糊的异常样本，经质量筛选后已对上述三类不合格图像进行剔除处理，以确保图像的色彩和细节清晰可见。剔除对焦不准确或拍摄过程中因抖动导致的模糊图像。剔除不包含目标植物实例的图像（如纯背景或误拍图像）并用 Python 代码将图片格式转化为 JPG 格式的 RGB 三通道图片。

（一）光照过强

克氏柴胡　马克氏贝母　黑果枸杞　克氏柴胡　覆盆子

南方山萝卜　阿魏　中华独尾草　豌豆形山黧豆　阿尔泰瑞香

（二）光照过暗

亚洲车前草　北川茄　大灯心草　西伯利亚翻白花　阿尔泰郁金香

（三）图像模糊

图 2-3-5　光照过强或过暗以及模糊的图像示例

2. 图片裁剪处理

利用 Python 中的 OpenCV 对图片进行裁剪，保证所有图片尺寸大小统一。OpenCV 中的图片剪裁技术主要通过操作 NumPy 数组实现，支持多种场景：包括矩形剪裁、不规则形状剪裁、旋转矩形剪裁和自动剪裁[6]。

如图 2-3-6 所示，首先通过中心裁剪函数，若原图尺寸大于目标尺寸，则直接居中裁剪；若原图尺寸不足，则用白边对称填充至目标尺寸后再居中裁剪（确保奇偶像素精确匹配）。

图 2-3-6　裁剪前后的示例图像对比

3. 数据增强

为了尽可能均衡每种类别的图片数量，并提升数据集的多样性和模型的泛化能力，对训练集进行了系统性的数据增强。数据增强是深度学习领域常用的技术手段，旨在通过对原始图像进行一系列变换，生成更加多样化的训练样本，从而提高模型的鲁棒性和性能[7]。同时，采用了多种增强策略，包括随机旋转（±30°）以模拟不同视角下的植物形态变化，水平或垂直翻转以增强数据对称性，如图 2-3-7 所示，随机缩放以模拟不同距离下的拍摄效果，以及随机裁剪部分区域以确保模型能够关注到植物的局部特征。通过这些数据增强方法，有效提升了数据的多样性，使模型在复杂环境下的表现更加稳定。

克氏柴胡（原图）

克氏柴胡（竖直翻转）

马氏贝母（原图）

马氏贝母（竖直翻转）

图 2-3-7　原图像与数据增强后的图像对比

为了进一步解决某些药用植物种类样本数量不足的问题，采用了基于人工智能的图像生成技术对数据进行补充。具体而言，针对样本量较少的植物种类，利用生成对抗网络（GAN）和扩散模型（Diffusion Model）等先进的深度学习算法，生成了高质量的合成图像。这些合成图像在形态、纹理和色彩等方面与真实图像高度一致，能够弥补部分数据分布不均衡的问题[8]。

GAN 由生成器与判别器组成，通过对抗训练实现数据生成。生成器负责从随机噪声中合成逼真样本，判别器则判断输入是真实数据还是生成器伪造的结果。二者在动态博弈中不断优化，生成器力求"骗过"判别器，而判别器为了不被"骗"而持续提升鉴别能力。GAN 的优势在于生成速度极快（实时输出），擅长高分辨率图像生成（如人脸合成、风格迁移），但其训练过程不稳定，易出现模式崩溃（生成单一结果）或梯度失衡问题。经典应用包括 StyleGAN 生成高清人像、CycleGAN 实现跨域图像转换。

尽管可控性较弱，GAN 在实时性要求高的场景（如游戏贴图生成、视频特效）仍不可替代[9]。如图 2-3-8 所示，展示了本研究通过生成对抗网络合成的高质量野生药用植物的示例图像。

望春玉兰　　　黑桑　　　白桑　　　无花果　　　构树
图 2-3-8　通过生成对抗网络合成的高质量图像示例

扩散模型通过模拟"加噪-去噪"的物理过程生成数据。其核心分为正向扩散（逐步向数据添加噪声直至混沌）与逆向重建（从噪声中迭代恢复目标数据）。相比 GAN，扩散模型训练更稳定，直接基于数据分布的似然优化，生成的结果细节丰富且多样性更强，尤其在文本到图像生成（如 Stable Diffusion）、图像修复等任务中表现突出。但其缺陷显著：生成需多次迭代（通常百步以上），耗时较长；计算成本高昂，对硬件要求苛刻。为提升效率，衍生技术如 Latent Diffusion 将扩散过程压缩至低维潜在空间，而 DDIM 等加速采样方法试图减少迭代步数。扩散模型凭借高可控性（支持文本、图像等多模态条件引导），已成为艺术创作、工业设计等领域的主流工具[10]。如图 2-3-9 所示，展示了通过扩散模型合成的高质量野生药用植物的示例图像。

香草　　　白蜡树　　　紫丁香　　　皂荚　　　国槐
图 2-3-9　通过扩散模型合成的高质量图像示例

4. 植物种类划分处理

在获取药用植物图像后，首先依据植物分类学体系对原始图像进行系统整理，并按层级结构存储至分类明确的文件夹中。严格参照《中国植物志》《药用植物分类学》等权威著作的分类标准，采用"门（Phylum）、科（Family）、属种（Genus species）"三级分类架构。其中，门级文件夹下设若干科级子文件夹，科级文件夹内进一步划分至具体物种文件夹，确保每个物种具有独立存储空间。

图像文件命名采用标准化分类注释法，格式为"Phylum_ Family_ Genus species"。其中 Phylum 表示植物所属门类，Family 表示植物所属科类，Genus species 是严格遵循林奈的"双名法命名体系"，即由属名（Genus）与种名（Species）构成的科学命名方式。这种结构化命名策略不仅强化了分类的系统性与规范性，也显著提升了药用植物资源管理的科学性与国际通用性。

为确保数据的规范性和一致性，每个文件夹中仅保留图像文件，并删除其他类型的文件（如文档、压缩包等）。同时，移除所有空文件夹，以确保数据目录结构的清晰和高效。如图 2-3-10 所示，为确保数据集的质量和相关性，每一个门分类的文件夹下涵盖了不同科名的文件夹，每一个科分类的文件夹下涵盖了不同种名的文件夹，每一个以物种分类的文件夹下涵盖了同一物种的不同个体图像或者同一个体的不同角度、不同光线的图像，以反映物种内的形态多样性。

第 2 章 新疆地区野生药用植物数据集构建

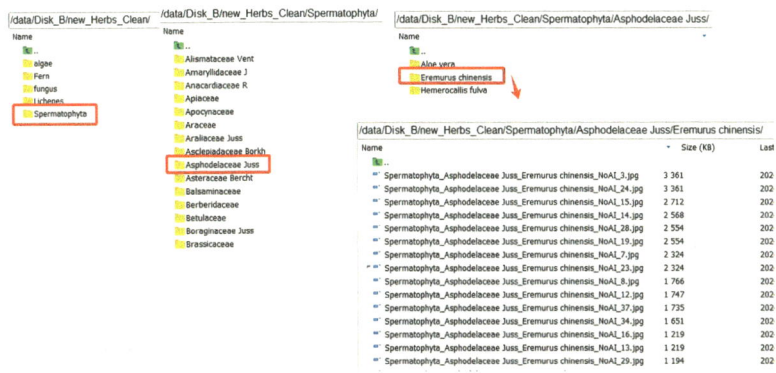

图 2-3-10 图像数据的文件存储结构

（三）图像类别设定与标注

通过对 Flavia、Pl@ntNet300K 等数据集的研究，同时根据图像中包含的对象，共分近 800 种类别。部分实例类别中文名与拉丁学名对照如表 2-3-1 所示。

表 2-3-1 实例类别中文与拉丁学名对应表

序号	打丁学名	中文名称
1	*Bupleurum krylovianum*	克氏柴胡
2	*Vigna umbellata*	赤小豆
3	*Cassia sophera*	决明
4	*Sophora flavescens*	苦参
5	*Oxytropis chionophylla*	雪生棘豆
6	*Thermopsis fabacea*	蚕豆状野决明
7	*Astragalus complanatus*	扁茎黄芪
8	*Vicia cracca*	广布野豌豆
9	*Astragalus propinquus*	近缘黄芪
10	*Lablab purpureus*	扁豆
11	*Lotus tenuis*	细叶百脉根

续表

序号	打丁学名	中文名称
12	*Vigna radiata*	绿豆
13	*Trigonella foenum-graecum*	胡芦巴
14	*Gleditsia sinensis*	皂荚
15	*Astragalus borodinii*	博罗丁黄芪
16	*Glycyrrhiza uralensis*	甘草
17	*Sophora alopecuroides*	苦豆子
18	*Malva rotundifolia*	圆叶锦葵
19	*Trifolium lupinaster*	羽扇豆车轴草
20	*Trifolium repens*	白车轴草

数据标注是把需要计算机识别和分辨的对象事先打上标签。LabelImg 是一款轻量级开源图像标注工具,专为计算机视觉任务设计,支持在图像中快速标注目标物体的矩形边界框(Bounding Box),并生成 PASCAL VOC 或 YOLO 格式的标签文件。其简洁直观的界面支持快捷键操作(如 W 键创建框、A/D 切换图像),允许用户自定义类别标签,适用于目标检测数据集的制作,尤其适合个人开发者或小型团队高效完成图像标注任务,且跨平台兼容 Windows、macOS 和 Linux 系统[11]。

研究采用专业标注工具 LabelImg,对数量均衡、标准统一大小的植物图像进行精细化标注。标注体系依据植物形态学分类标准,系统覆盖目标植株的生殖器官(花器)、光合器官(叶片)及营养器官(茎秆)等关键形态结构,结合功能生态学原理实现器官级特征标注,为物种形态特征分析与功能性状识别提供结构化数据支撑。

在 LabelImg 文件中,有个 data 文件夹,里面有 predefined_classes.txt 文件,记录着分类名称,可以手动更改类别,如图 2-3-11 所示。

第2章 新疆地区野生药用植物数据集构建

图 2-3-11 data 文件夹下的 predefined_classes.txt 文件

选择 File->Change Saved Dir（不同版本稍微有些差异，也可能叫作 changedefault annatation saved dir），然后选择一个空文件夹作为生成的标记 xml 存放的位置，点击 Open Dir 选择影像图片文件夹，如图 2-3-12 所示。

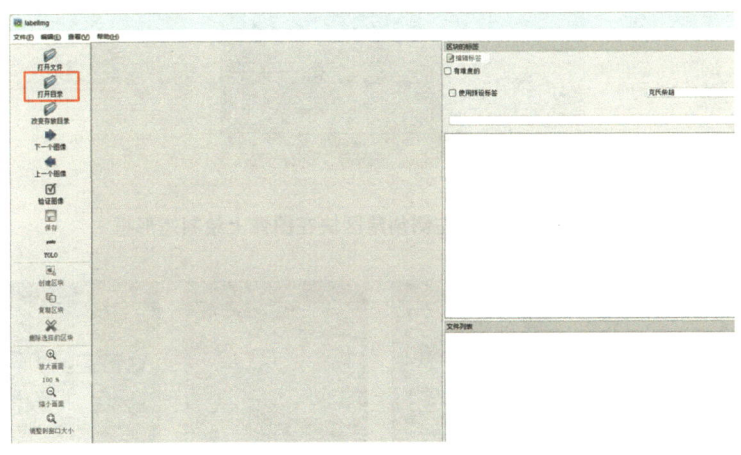

图 2-3-12 LabelImg 首页

图片加载进来后，点击左侧创建区块，就可以在图像上绘制矩形框了，如图 2-3-13 所示。因为版本差异，绘制矩形框有的需要一直按住鼠标左键，有的则只用初始和结束位置点击一下，视具体版本情况而定。

绘制结束后，会弹出一个框，选择要标记的类别，比如草莓，如果列表里面没有这个类别，可以在方框中输入，最后点击OK。此时，按住 Ctrl+S 完成保存，之后，可以使用鼠标点击 next image 进入下一张或者使用快捷键 D 进入下一张，如图 2-3-14 所示，展示了标注完成后的个别图像示例。

图 2-3-13　点击左侧创建区块在图像上绘制矩形框

克氏柴胡　　　　罗布麻　　　　　柳叶菜　　　　　草莓

图 2-3-14　标注完成后的图像示例

如图 2-3-15 所示，最终每张图片的标注结果将保存在 XML 文件中，XML 文件与对应图片名称一致（如 image.jpg 对应 image.xml），文件内容遵循 PASCAL VOC 格式。

名称	修改日期	类型	大小
Spermatophyta_Apiaceae_Bupleurum krylovianum_NoAI_17.xml	2025-03-21 18:14	Microsoft Edge ...	3 KB
Spermatophyta_Apocynaceae_Apocynum venetum_NoAI_3.xml	2025-03-21 18:17	Microsoft Edge ...	3 KB
Spermatophyta_Onagraceae_Epilobium hirsutum_NoAI_3.jpg.xml	2025-03-21 18:20	Microsoft Edge ...	6 KB
Spermatophyta_Rosaceae Juss_Fragaria viridis_NoAI_17 (2).xml	2025-03-21 18:21	Microsoft Edge ...	2 KB

图 2-3-15　XML 格式的标注文件

将 LabelImg 生成的 XML 标注文件通过 Python 脚本转换为 JSON 格式，如图 2-3-16 所示，主要为了适配现代深度学习框架（如 COCO 格式需求）和提升数据处理效率。JSON 的键值结构更易解析，支持复杂标注（如分割多边形、3D 框），并能灵活嵌入元数据（如物种分类信息）；同时其轻量化特性减少存储开销，且与主流工具（如 Label Studio、MongoDB）及云平台无缝对接，而 XML 因冗余的标签和解析的复杂性，逐渐被 YOLO、MMDetection 等框架生态替代，转换后可显著优化从数据标注到模型训练的全流程效率。

Name	Size (KB)	Last modified
..		
Spermatophyta_Onagraceae_Epilobium hirsutum_NoAI_3.jpg.json	4	2025-03-21 18:43
Spermatophyta_Apiaceae_Bupleurum krylovianum_NoAI_17.json	1	2025-03-21 18:43
Spermatophyta_Apocynaceae_Apocynum venetum_NoAI_3.json	1	2025-03-21 18:43
Spermatophyta_Rosaceae Juss_Fragaria viridis_NoAI_17 (2).json	1	2025-03-21 18:43

图 2-3-16　JSON 格式的标注文件

（四）数据集划分

在数据集划分过程中，通常按一定比例将数据集划分为训练集、验证集和测试集，以保证模型和评估的准确性。本研究按照 80% 为训练集、20% 为验证集进行划分。在训练集上进行训练，然后在验证集上进行验证。另外，为了提升模型的泛化能力，采用 K 折交叉验证分层抽样，确保将数据集均匀划分为 K 份，其中一个作为验证集，其余作为训练集，循环 K 次，最终取平均结果。合理的数据划分策略不仅可以提高模型的稳定性，减少过拟

合的风险,使模型在真实场景中表现更优。

(五)数据集构建技术路线

本数据集以新疆阿勒泰山区野生药用植物为图像采集目标,包括图像采集与预处理、图像标注、交叉验证,旨在创建一个用于图像分类、实例分割、图像检测等任务的高质量野生药用植物图像数据集,促进该领域研究的发展。数据集构建技术路线如图 2-3-17 所示。

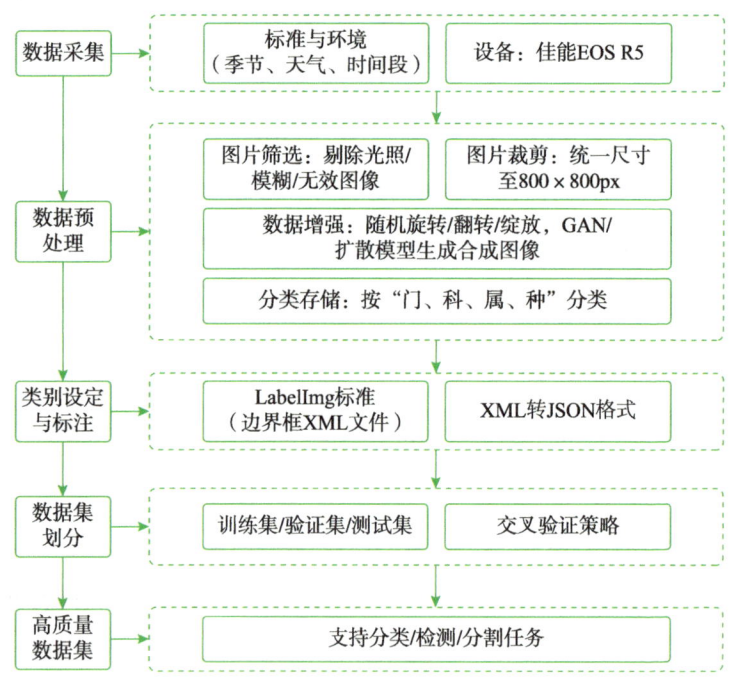

图 2-3-17 技术路线

(六)数据集样本描述

在本项目中,药草研究领域的专家积极参与,为数据的分类标签设计提供了专业的宝贵意见，并将该数据集正式命名为 AltaiH。在 AltaiH 数据集中，分类学包括了门、科和种。该数据集包含 5 个门、125 个科、540 种植物以及 4992 张图片。图 2-3-18 展示了这 5 个门类的占比情况，占比从高到低依次为种子植物、真菌、地衣、蕨类和藻类。

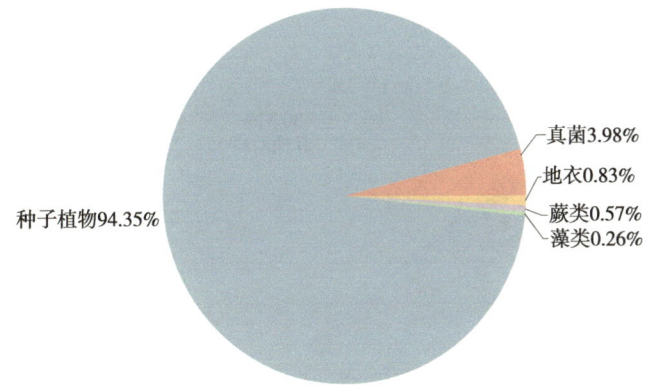

图 2-3-18 "门"分类条件下数据占比的饼状图

图 2-3-19 展示了不同的科在整个数据集中的图像占比情况。其中占比前五的是蔷薇科、豆科、唇形科、百合科和菊科。蔷薇科是占比最多的科类为 7.68%，豆科占比 7.33%，唇形科占比 6.64%、百合科占比 6.52% 和菊科占比 6.32%。将占比低于 1% 的科归为"其他"，并在饼状图的右边列举出了不足 1% 的科里面的前 5 名和倒数 5 名。从图可以看出，壳斗科、檀香科、木霉科、离褶伞科、木耳科是整个科类级占比最少的五种。

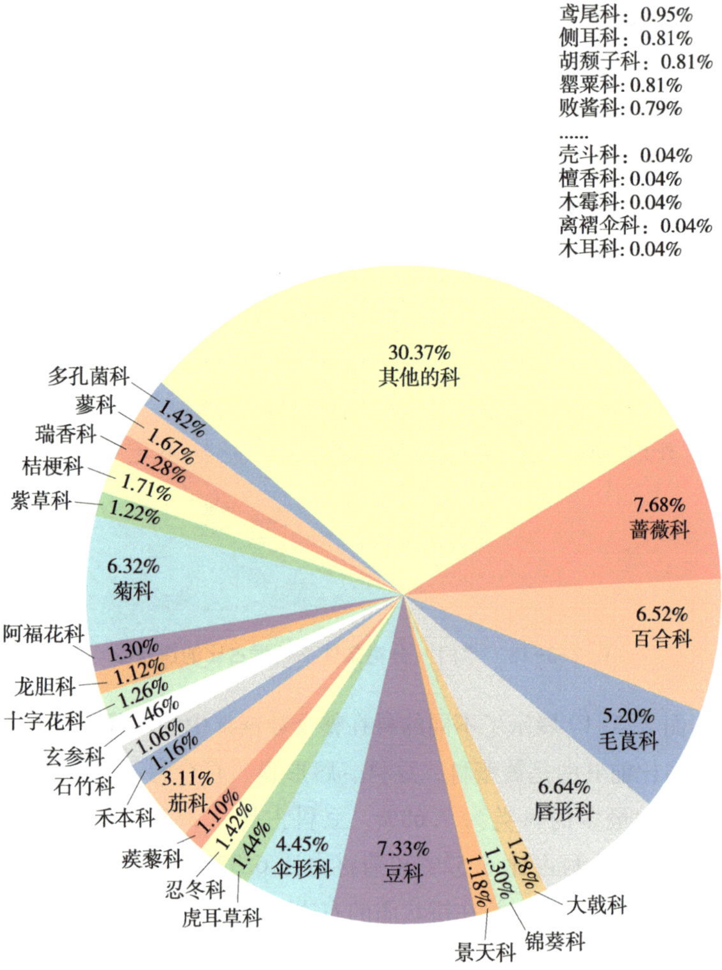

鸢尾科: 0.95%
侧耳科: 0.81%
胡颓子科: 0.81%
罂粟科: 0.81%
败酱科: 0.79%
……
壳斗科: 0.04%
檀香科: 0.04%
木霉科: 0.04%
离褶伞科: 0.04%
木耳科: 0.04%

图 2-3-19 "科"分类条件下数据占比的饼状图

图 2-3-20 和图 2-3-21 分别展示了"种"分类条件下,图片数量最多的 20 种和图片数量最少的 20 种。由图可见,平贝母的图片数量最多,共有 65 张,阿尔泰郁金香次之,有 52 张,而图片数量最少的种类,如阿尔泰大黄、大翅蓟、金鸡菊、马尾松等都分别仅有一张图。

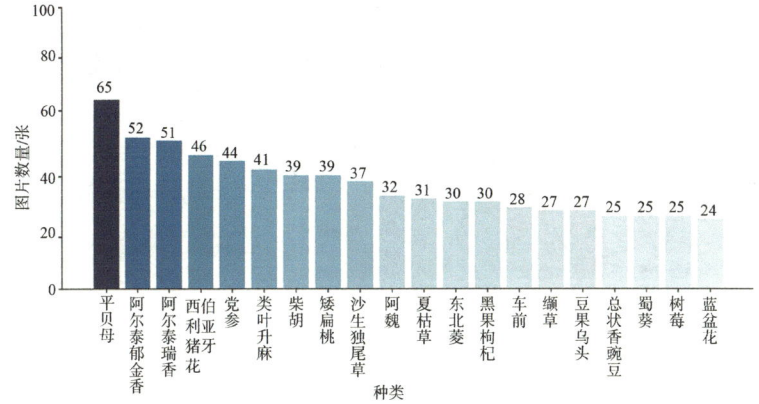

图 2-3-20 "种"分类条件下前 20 种植物图片数量柱状图

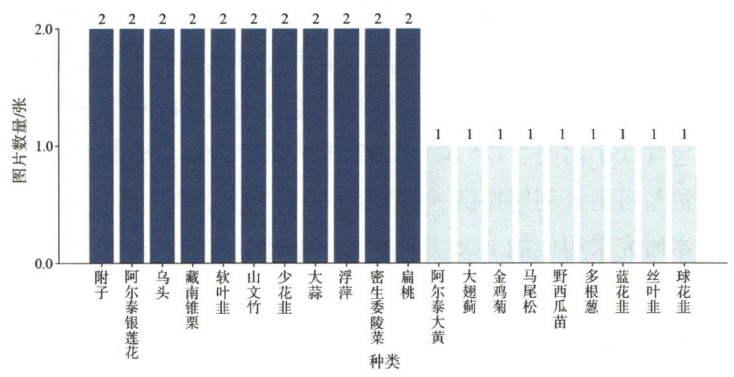

图 2-3-21 "种"分类条件下倒数的 20 种植物图片数量柱状图

本数据集共收录的540余种药用植物中包含多种具有新疆地域特色的珍稀药用植物资源,如图2-3-22所示,罗布麻广泛分布于新疆地区,是一种耐盐碱的野生植物,其叶和茎具有清热解毒、降血压等功效,其中的活性成分如黄酮类化合物,已被现代医学研究证实具有显著的降血压和抗氧化作用[12],为中医药学和现代药物研发提供了宝贵资源,为本土药用植物研究提供了关键的数据支撑,填补了新疆特色药用植物研究与计算机视觉研究相结合的数据空白,具有重要的科研价值和应用潜力。

罗布麻　　　红花　　　阿魏　　　甘草　　　伊贝母

图2-3-22　具有新疆特色的药用植物图像示例

(七)总结

新疆是我国重要的药用植物资源宝库,但系统性数字化研究的不足制约了其深度开发与保护。本研究首次构建了新疆阿勒泰山区高质量药用植物图像数据集,涵盖该地区540种野生药用植物,包含5个门类、125科、4992张图像,为药用植物资源数字化保护与可持续利用提供了科学支撑。

本研究采用佳能EOS R5相机,通过多季节、多天气、多时段及多视角采集策略,完整记录植物根、茎、叶、花、果实等器官特征,结合OpenCV技术统一图像尺寸,并严格筛选剔除异常数据。针对样本不均衡问题,创新性融合传统数据增强(旋转、翻转、缩放)与AI生成技术(GAN、扩散模型),生成高保真合成图像，有效提升了小样本物种的数据多样性。

数据集严格遵循植物分类学标准，构建"门、科、属种"层级目录结构，通过LabelImg工具标注目标器官边界框，生成PASCAL VOC及JSON双格式文件，适配主流深度学习框架。数据按8∶2的比例划分训练集与验证集，并引入K折交叉验证策略，确保模型泛化能力。为计算机视觉技术在物种智能识别、生态保护及中药资源开发中的应用奠定数据基础。未来可进一步融合化学成分、地理信息等多模态数据，构建智能分析平台，为资源保护和可持续利用提供科学依据。

参考文献

[1] 郭萍，田云龙，刘雪，等．新疆药用植物资源及其生态环境保护对策［J］．现代农业科技，2011（21）：151-153．

[2] 马晓强，朱大元．新疆药用植物资源分布［C］．中国自然资源学会天然药物资源专业委员会会议论文集，1994（12）：99-100．

[3] 惠婷婷，郑红玉，范连连，等．阿勒泰地区草地植物丰度与地上生物量分布特征及其影响因素［J/OL］．草地学报，1-11［2025-03-03］．

[4] 黄豪奔，徐海量，林涛，等．2001—2020年新疆阿勒泰地区归一化植被指数时空变化特征及其对气候变化的响应［J］．生态学报，2022，42（7）：2798-2809．

[5] 杜林煊，曹姗姗，刘婷婷，等．奶牛个体头部多模态图像深度学习训练数据集［J］．中国科学数据（中英文网络版），2025，10（1）：11-20．

[6] 王娜,宋雨婷,林薇,等.基于OpenCV图像识别技术笔迹识别系统的研究与设计[J].电脑编程技巧与维护,2025(2):135-137,148.

[7] 曾武,朱恒亮,毛国君.DynamicMix:一种动态的像素级混合的图像数据增强方法[J/OL].计算机应用与软件,1-11[2025-03-23].

[8] 王禾.AI图像生成技术下数字媒体技术专业人才培养模式应用研究[J].学周刊,2025(10):119-122.

[9] 孙福艳,吕准,吕宗旺,等.改进循环生成对抗网络的低光照图像增强方法[J/OL].计算机工程与应用,1-15[2025-03-23].

[10] 李鹏,惠健,朱佩佩.基于双重扩散模型的图像恢复模型[J/OL].计算机应用研究,1-9[2025-03-23].

[11] 王景鑫,潘欣.一种基于Labelimg的辅助标注方法[J].科技创新与应用,2023,13(29):145-148.

[12] 王爽,王欣雨,吕重宁,等.罗布麻叶中黄酮的稳定性研究[J].人参研究,2025,37(1):47-51.

第3章
野生药用植物资源时空数据库构建与分布模式研究

野生药用植物资源的可持续利用与生物多样性保护是当前该领域研究的重点问题。野生药用植物资源调查是保护工作的前提，运用新方法进行资源调查并建立数据库，为科学保护与开发利用提供了重要依据。近年来，深度学习在计算机视觉任务中取得显著突破，为物种的自动化、高效分类与识别提供了有效解决方案。本章综合应用 GIS 和 RS 技术，整合了阿勒泰地区野生药用植物资源数据，基于基态修正时空数据建模思想和 Geodatabase 数据模型，设计并构建了野生药用植物资源数据库。采用组件式 GIS 开发模式，构建了野生药用植物资源时空信息管理系统，并利用 GIS 空间分析方法对阿勒泰地区典型药用植物新疆芍药进行了适宜性分析[1-3]。

一、国内外研究进展

（一）药用植物数据库国内外研究进展

国外植物数据库的建设起步较早，其主要特点包括分类细致、植物种类丰富、覆盖面广等。

我国的中药研究者自 20 世纪 80 年代起开始探索中药数据库

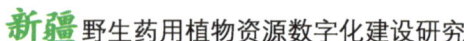

的建设,旨在实现药用植物的信息化管理。至 20 世纪 90 年代,我国成功建立首个植物标本数据库,随后各省市相继开展了相关数据库的建设工作。分析表明,我国已建立的数据库种类繁多,均基于植物的特性、种类及用户需求进行设计。例如,根据园林植物种类及分布建立的园林数据库、依据特定地区药用植物种属构建的植物志数据库、基于不同植物形态创建的植物形态数据库,以及针对特定地区植物病害种类及分布建立的植物病虫害数据库等[4]。

信息化技术的发展为药用植物的信息化提供了良好平台,建立各类资源信息数据库逐渐成为研究热点。基于医药学的实际需求,国内外高等院校和科研院所开发了多种中药、西药及药用植物数据库[5-7]。其中,药用植物数据库从药用植物的图片、名称等方面着手进行建设,为研究者提供了科学依据[8-10]。我国已建成的药用植物数据库主要包括:"药用植物图像数据库""华中药用植物数据库""神农架药用植物数据库""中国西南药用植物资源数据库""常用中药素材库系统",以及"中国珍稀濒危药用植物数据库"等[11-12]。这些数据库的建设不仅为中药研究者提供了重要的科学依据,还加速了药用植物信息化进程,同时有力推动了野生药用植物的可持续发展[13-15]。

(二)GIS 技术在野生药用植物研究中的应用

随着 GIS 技术的发展,许多中草药学者将其引入野生药用植物资源研究,使研究从定性走向定量,并进一步向图形化、图像化、可视化方向发展,最终从平面图形扩展到三维立体空间。这一进展将野生药用植物资源研究提升到新的理论高度和应用水平。GIS 技术在野生药用植物资源监测、区划及道地药材适宜性

第3章 野生药用植物资源时空数据库构建与分布模式研究

分析等方面得到广泛应用,为野生药用资源监测和适宜性分析等提供了有价值的参考[16-20]。

在野生药用植物资源调查中,GIS 技术的应用显著改进了传统方法。传统调查方法主要包括野外实地调查、抽样调查、访问调查及统计报表等。这些方法在普查野生药用植物时往往耗费大量人力、物力和财力,且由于野生药用植物资源储量处于动态变化状态,传统方法所得结果常存在误差。相比之下,GIS 技术不仅能高效、准确地表达野生药用植物资源储量及生境分布状况,还弥补了传统方法的不足[21]。

野生药用植物资源区划是通过分析其区域分布规律,从自然、经济和技术发展等角度,综合研究生态环境、地理分布、区域特征、时空变化和区域差异等因素[22]。随着 GIS 技术的不断完善,其在空间信息分析和管理方面的能力显著增强,已广泛应用于资源区划、火灾区划、农业区划和气候区划等领域。野生药用植物区划主要基于药用植物的分布规律和特点,结合土壤、地形、地貌和植被等因素,同时还需考虑人类活动、社会和经济等因素[23]。

二、野生药用植物资源时空数据模型设计与构建

(一)野生药用植物资源时空数据模型设计

野生药用植物资源与其他地理实体一样,具有时间、空间和属性等特征。本研究所采用的阿勒泰地区野生药用植物的各类数据反映了其在空间、时间和属性上的变化。通过研究这些数据的特征,并结合分析野生药用植物的时空变化,可以为建立野生药用植物时空数据库奠定基础。

通过比较各种时空数据模型的优缺点及其核心思想,结合阿勒泰地区野生药用植物时空变化的特点,选用基态修正模型作为该地区野生药用植物的时空模型。该模型能够有效描述野生药用植物资源的时空变化。基于该模型的特点,本研究设计了阿勒泰地区野生药用植物时空数据库。野生药用植物的生长受降水量、气温和土壤类型等因素影响显著,其中降水量对其动态变化影响尤为突出。降水量的大小和时间会影响野生药用植物的空间分布,降水量增加通常有利于植物生长,并扩大其空间分布范围。基于这些特点,选用基态修正模型来存储不同时间点下降水量、气温等条件对药用植物的影响。

野生药用植物的时空数据可分为两类:更新前数据和更新后数据。在数据库设计时,需要构建两种数据库:一种用于存储更新前数据的历史库,另一种用于存储更新后数据的现势库。这两种数据库的表结构不同,具体结构如表3-2-1和表3-2-2所示。历史表中的FObj和TObj字段分别表示实体更新前和更新后的类型,BTime和ETime字段分别代表实体更新前后的时间。由于现势库中的实体更新过程尚未结束,因此不存在消亡时间,故现势表中不包含消亡时间字段。

表 3-2-1 历史表结构

字段名	含义	类型
OBJECTID	对象标识	Int
SHAPE	空间属性	Geometry
FObj	开始类型	Int
TObj	结束类型	Int
BTime	开始时间	Date
ETime	结束时间	Date

第3章 野生药用植物资源时空数据库构建与分布模式研究

表 3-2-2　现势表结构

字段名	含义	类型
OBJECTID	对象标识	Int
SHAPE	空间属性	Geometry
FObj	开始类型	Text
TOj	结束类型	Text
BTime	开始时间	Date
…	…	…

时空数据模型的设计旨在高效准确地表达空间实体的空间特性、时间特性，以及随时间和空间变化而产生的属性信息变化。对于野生药用植物而言，其时空特性可以理解为空间分布和属性信息在时间序列上的演变过程。无论是普通空间实体还是野生药用植物，时空变化都会导致研究对象的状态发生改变。通常，野生药用植物的时空变化可能由人为事件和自然条件引发。其中，人为事件主要包括对野生植物的滥采滥挖、过度采挖以及生态环境的破坏等因素。影响植物生长的自然条件因素众多，主要包括降水量、温湿度、土壤条件等。尤其是对环境变化较为敏感的野生药用植物，更容易受到人为或自然因素的影响而成为稀缺物种。因此，针对野生药用植物资源空间和属性特征随时间发生的变化，应从影响其生长属性变化的因素入手进行研究。

野生药用植物会受降水量、气温、土壤、坡度、坡向等因素的影响发生空间或属性类型的变化。如植物在 T_1、T_2、T_3 且 $T_1<T_2<T_3$ 这三个时刻因受生态因子的影响其空间分布发生了变化，变化过程见图 3-2-1 所示。每一个时刻的数据都包含多个影响因子，来反映野生药用植物受到时空变化的影响。在同一时间段中不同的药用植物受到降水量、气温等因子的影响，从而产生连续的时空变化规

律。为了方便存储该时刻的时点信息和类型属性信息，因此设计了每个该时段对应的属性如图 3-2-3 至图 3-2-7 所示。图 3-2-1 表示的是药用植物从 T_1 时刻到 T_3 时刻发生变化的过程。图中的 A_1、A_2、A_3、A_4、A_5 代表的是影响药用植物生长的生态因子，T_1 时刻图中设立的生态因子没有发生变化，T_2 因受生态因子 A_2 和 A_4 的影响发生了变化产生了 $A_{T2}C_1$ 和 $A_{T2}C_2$，T_2 时刻的生态因子将存储在该时刻的现势库中。T_3 是由 A_2、A_4、$A_{T2}C_2$ 发生变化产生 $A_{T3}C_1$。

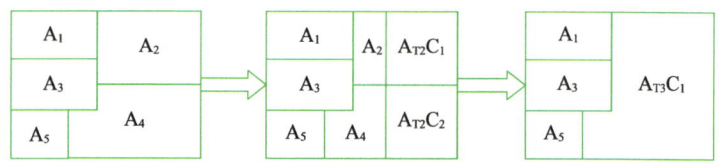

图 3-2-1 植被覆盖度变化过程

表 3-2-3 所示的是 T_1 时刻野生药用植物变化的过程，并将变化过程存入 T_1 时刻现状表中。

表 3-2-3 T_1 时刻现状

OBJECTID	SHAPE	TypeT$_1$
1	面	A_1
2	面	A_2
3	面	A_3
4	面	A_4
5	面	A_5
…	…	…

表 3-2-4 所示的是 T_2 时刻野生药用植物变化的过程，并将 A_1、A_2、A_3 变化过程存入 T_2 时刻现状表中。

第3章 野生药用植物资源时空数据库构建与分布模式研究

表 3-2-4 T_2 时刻现状表

OBJECTID	SHAPE	TypeT$_2$	...
1	面	A_1	...
2	面	A_2	...
3	面	A_3	...
4	面	A_4	...
5	面	A_5	...
6	面	$A_{T2}C_1$	...
7	面	$A_{T2}C_2$	...

表3-2-5所示的是 T_3 时刻野生药用植物变化的过程,并将 A_1、A_3、A_5 变化过程存入 T_2 时刻现状表中。

表 3-2-5 T_3 时刻现状表

OBJECTID	SHAPE	TypeT$_3$	...
1	面	A_1	...
2	面	A_3	...
3	面	A_5	...
4	面	$A_{T3}c_1$	...

对 T_1 和 T_2 两个时间点的数据进行对比分析发现,当 TypeT$_1$ 值显著高于 TypeT$_2$ 时,野生药用植物的空间分布格局发生了明显变化。结果表明,降水量的增加及其时间分布对药用植物的生长状况和空间分布具有显著影响,具体表现为降水量增加时,野生药用植物的生长态势改善,分布范围也随之扩大(表3-2-6)。

表 3-2-6　T_2 时刻历史数据库

OBJECTID	SHAPE	From Obj	To Obj	B Time	E Time	…
1	面	null	A_2	T_1	T_2	…
2	面	null	A_4	T_1	T_2	…

表 3-2-7 所示的是 T_2 时刻现势数据库中的信息,包括实体变化的开始时间和结束等信息。

表 3-2-7　T_2 时刻现势数据库

OBJECTID	SHAPE	FObj	TObj	B Time	…
1	面	null	A_1	T_1	…
2	面	null	A_2	T_1	…
3	面	null	A_3	T_1	…
4	面	null	A_4	T_1	…
5	面	null	A_5	T_1	…
6	面	A_2	$A_{T_2}C_1$	T_2	…
7	面	A_4	$A_{T_2}C_2$	T_2	…

野生药用植物实体由 T_2 时刻改变到 T_3 时刻时其变化过程如图 3-2-2 所示,此过程中 A_1、A_3、A_5 未发生变化,A_2、A_4、$A_{T_2}C_1$ 和 $A_{T_2}C_2$ 这四个因子对野生药用植的生长产生影响,从而使 A_2、A_4、$A_{T_2}C_1$ 和 $A_{T_2}C_2$ 产生为 $A_{T_3}C_1$,此过程中把变化前的数据 A_2、A_4、$A_{T_2}C_1$ 和 $A_{T_2}C_2$ 存入到历史数据库中,而变化的数据 $A_{T_3}C_1$ 存入到现势库中。结构见表 3-2-8 和表 3-2-9。

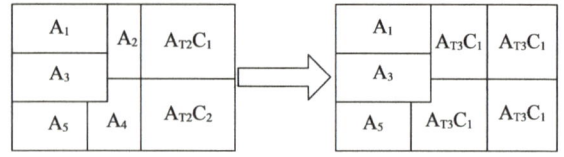

图 3-2-2　T_2-T_3 植被覆盖度时空变化过程

第3章 野生药用植物资源时空数据库构建与分布模式研究

表 3-2-8　T_3 时刻历史数据库

OBJECTID	SHAPE	FObj	TObj	BTime	ETime	...
1	面	null	A_2	T_1	T_2	...
2	面	null	A_4	T_1	T_2	...
3	面	null	A_2	T_1	T_3	...
4	面	null	A_4	T_1	T_3	...
5	面	null	$A_{T2}C_1$	T_2	T_3	...
6	面	null	$A_{T2}C_2$	T_2	T_3	...

如表 3-2-9 所示，T_3 时刻现势库存储着 T_1 和 T_3 时间点实体变化的过程，开始时间信息及结束时间信息是判断实体时空变化的重要因素。

表 3-2-9　T_3 时刻现势数据库

OBJECTID	SHAPE	FObj	TObj	BTime	...
1	面	null	A_1	T_1	...
2	面	null	A_3	T_1	...
3	面	null	A_5	T_1	...
4	面	A_4	$A_{T3}C_1$	T_3	...
5	面	A_2	$A_{T3}C_1$	T_3	...
6	面	$A_{T2}C_2$	$A_{T3}C_1$	T_3	...
7	面	$A_{T2}C_2$	$A_{T3}C_1$	T_3	...

（二）野生药用植物资源时空数据库结构设计

采用 ArcGIS 的地理空间数据库模型（Geodatabase）作为数据库系统。该模型运用标准关系型数据库技术来表征地理信息，能够有效定义和表达空间实体,并系统化构建空间实体间各种行为特征的约束关系,从而缩小模型定义与现实世界真实状况之间的差距。Geodatabase 支持多种格式地理数据的统一管理,允许多用户同时对数据库中同一地理区域进行编辑,并能有效协调多端与对端之间的矛盾。因此,该模型非常适合作为野生药用植物时空数据库的数据模型。

1. 数据分类

野生药用植物信息资源主要包括:野生药用植物图片、野生药用植物基本信息、野生药用植物生境特点、研究区实地调查数据等,将把这些数据分为以下两大类:

(1)空间数据。野生药用植物空间数据是用于表达其空间信息的一组数据,主要分为两类:矢量数据和栅格数据。其中,栅格数据包括降水量、气温以及植被类型等空间信息,这些数据是构建时空数据库的基础。研究野生药用植物的分布模式时,获取其地理空间位置信息至关重要。结合野生药用植物的时空变化特点,我们选择了符合其特征的时空模型,为构建野生药用植物时空数据库奠定了基础。

(2)属性数据。是指用于描述野生药用植物本身信息的一类数据。这类数据主要包括以下内容:野生药用植物的基本信息,如药用植物的中文名称、拉丁名称,以及所属科的中文名称和拉丁名称;药理药效信息;以及其他相关属性,如野生药用植物的药效、入药部位、临床应用和生境特点等。野生药用植物空间数据库的整体框架如图 3-2-3 所示。

第3章 野生药用植物资源时空数据库构建与分布模式研究

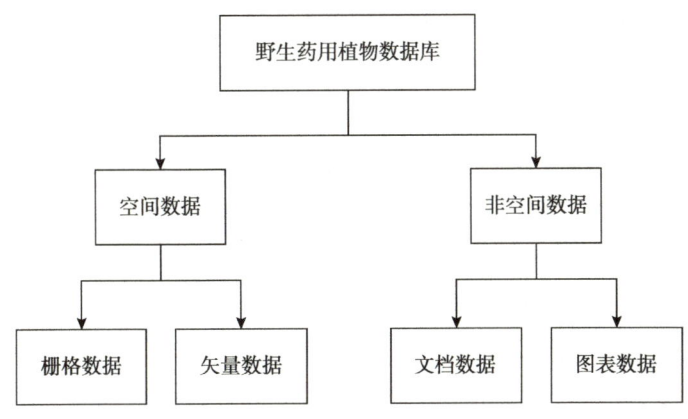

图 3-2-3　野生药用植物数据库结构图

2. 时空数据库的分层设计

对数据进行分层设计、处理和管理是空间数据库的主要特点。在野生药用植物时空数据库的设计中，数据层可分为栅格数据层、矢量数据层和属性数据层三种类型。所有空间数据层都需要建立统一的投影坐标系，以确保不同数据层能够在同一空间中进行叠加。

（1）栅格数据层。该层主要存储研究区的遥感影像图和数字高程模型（DEM）数据。具体包括 2000—2015 年的遥感影像、气象数据、降水量数据以及 DEM 数据等。这些数据在存储前需要进行一系列预处理工作，如影像配准、图像融合以及图像无损压缩等。

（2）矢量数据层。矢量数据层主要用于存储药用植物空间分布因子的数据。药用植物分布因子可分为三类：点、线和面，分别代表不同的要素类型。矢量数据不仅能够表达分布因子的空间位置和形态特征，还可以描述其属性特征。

（3）属性数据层。该数据层不仅存储了野生药用植物的基本信息，还包含了矢量数据的属性信息。矢量数据的属性信息是指空间实体的属性特征与点、线、面等几何要素的集成数据。这些数据通常包括野生药用植物的空间分区、名称及其特征描述等。这些属性数据将作为独立的属性文件存储于数据库中，并通过关键字与图形数据建立关联。

3. 属性数据设计

采用关系型数据库存储属性数据和空间数据。表3-2-10和表3-2-11分别展示了野生药用植物的属性信息表和植被类型表。此外，研究区降水量、气温、行政区划等时空数据分别存储在降水量数据表、气温数据表、行政区划数据表和土壤信息数据表中，如表3-2-12至表3-2-13所示。为了便于查询野生药用植物的属性数据，数据库中还设计了时间数据字段。

表3-2-10 药用植物属性信息表

字段名	字段别名	类型
name	中文名称	nvarchar
laten_name	拉丁名	nvarchar
K_name	科中文名称	nvarchar
pharEfficacy	药用功效	nvarchar
attendingDisease	主治疾病	nvarchar
section	入药部位	nvarchar
clinicalApplication	临床应用	nvarchar

如表3-2-10所示，药用植物属性信息表主要用于存储野生药用植物基本信息，包括野生药用植物的中文名称、拉丁名、入药部位等属性字段。在进行药用植物查询后显示药用植物基本信息。

第3章 野生药用植物资源时空数据库构建与分布模式研究

如表3-2-11所示，药用植物植被类型表主要用于存野生药用植物的植被类型，是对药用植物进行分类的字段。在时空数据库空间分析功能中用以表示各种药用植物时空变化的分类状况。

表3-2-11 药用植物植被类型表

字段名	字段别名	类型
Type	植被类型	Vachar

如表3-2-12所示，降水量数据表存储着不同时间段或时间点的降水量信息，时间信息及降水量信息是判断药用植物生长状况的重要因素。

表3-2-12 降水量数据表

字段名	字段别名	类型
JX	降水量	Float
YE	年	Int
MO	月	Int
CT	创建时间	Date
DT	删除时间	Date

如表3-2-13所示，气温数据表存储着不同时间段或时间点的气温信息，气温信息同降水量信息一样是判断药用植物生长状况的重要因素。

表3-2-13 气温数据表

字段名	字段别名	类型
XW	气温	Float
YE	年	Int
MO	月	Int

续表

字段名	字段别名	类型
CT	创建时间	Date
DT	删除时间	Date

如表3-2-14所示，土壤数据表存储着不同地点的土壤类型，是影响药用植物生长状况的重要因素。

表3-2-14 土壤数据表

字段名	字段别名	类型
TR	土壤类型	Vchar
CT	创建时间	Date
DT	删除时间	Date

如表3-2-15所示，遥感数据表包含影像编号、数据标识、影像时间、空间分辨率、经度、纬度等信息。

表3-2-15 遥感数据表

字段名	数据类型	说明
rsi_id	int	影像编号
rsi_datalog	varchar（50）	数据标识
rsi_time	datatime	影像时间
rsi_res	int	空间分辨率
rsi_jingd	varchar（50）	经度
rsi_weid	varchar（50）	纬度

（三）数据获取与预处理

1. 数据来源

源数据包括2000—2015年等间隔四期的Landsat系列遥感影

第3章　野生药用植物资源时空数据库构建与分布模式研究

像，具体为 2000 年的 Landsat 7 ETM+（Enhanced Thematic Mapper，增强型专题绘图仪）影像、2000 年的 Landsat 5 TM（Thematic Mapper，专题测图仪）影像以及 2015 年的 Landsat 8 OLI 遥感影像。这些数据均来自地理空间数据云（网址：http://www.gscloud.cn），并在夏季少云条件下经过几何校正。数据预处理包括图像切割、配准和拼接等步骤。其他数据来源详见表 3-2-16。

表 3-2-16　数据来源

数据集 (DataSet)	来源 (Source)	数据格式 (Usage)	分辨率 (Resolution)
行政边界数据	国家基础地理信息中心	shp	—
地形数据	美国国家航空航天局（NASA）	tif	30m
气象数据	中国气象局	txt	—
植被类型数据	寒区旱区科学数据中心	shp	—
野生药用植物	实地勘测	shp	—
空间分布数据	绘制	shp	—

2. 矢量数据处理与融合

数据入库前的校验是建立标准化、高质量数据库的必要条件。准确的高质量数据更易于维护和更新。阿勒泰地区野生药用植物资源时空数据库的结构设计较为复杂，涉及时间、空间和空间实体三个要素。标准化校验的数据是完整表达这三个要素的关键步骤。即使在对野生药用植物资源数据进行入库前的处理，也难免会出现错误。因此，为了提高数据的精度，必须对数据的属性精度、时间精度以及完整性进行一系列检验。

（1）数据格式的统一。通过多种监测手段获取了不同格式的

数据。为了在同一个软件系统中处理这些不同格式的时空数据,对其进行了格式转换。在转换过程中,可能会遇到数据丢失的问题,这通常是由于操作不当所致。为了避免这一问题,在数据格式转换过程中应设置参数并选择最优的转换方法。此外,还需要对数据质量进行检查。

(2) 空间基准的统一。实现数据共享的前提是要统一不同数据的空间基准。数据入库之前要进行检查,如果数据没有统一基准,那么必须要对数据进行统一标准化处理。

(3) 地图配准。准确的空间坐标是评估数据精度的关键标准。在研究过程中,同一地点可能出现坐标不一致的情况,这种现象主要源于多种因素导致的坐标偏差。当测量的地理坐标与真实值之间存在显著偏差时,将无法准确反映野生药用植物的实际分布状况。因此,利用已知的高精度同名地物点来校正待配准数据的空间坐标,是一项至关重要的工作。

①年平均气温空间插值:基于阿勒泰地区7个气象站点2000—2015年的逐月降水观测数据,采用协同克里格插值法(Co-Kriging)结合高程辅助变量,实现了区域降水量的空间降尺度重构。空间分析显示:吉木乃县存在显著降水高值中心(年均值达387毫米),区域降水呈现明显的空间异质性——南北向随海拔升高呈递增趋势(12.3毫米/100千米),而东西向受水汽输送衰减影响表现为递减特征(-8.7毫米/100千米)。这种三维分异格局与阿尔泰山地形强迫抬升效应及西风带水汽通量的空间再分配密切相关。

②年降水量空间插值:以2000—2015年的气象数据为基础进行空间插值(插值方法为协同克里格法)。

阿勒泰地区降水量的空间分布不均匀。其中,吉木乃和阿勒泰地区年降水量较多,可以达到291.8毫米和209毫米,而福海降水量最少,只有 125.5 毫米。该地区降水量的空间分布呈现自南向北递增,自西向东递减趋势。

③年植被类型空间插值:利用 GIS 空间插值方法获取了阿勒泰地区植被类型图层。

3. 遥感数据处理与分析

采用 2000—2015 年阿勒泰地区的 Landsat 卫星遥感影像,数据来源于地理空间数据云平台。所选遥感影像的获取时间主要集中在植被生长期,能够有效反映研究区域植被的生长状况,并对阿勒泰地区地形进行图像校正。

遥感数据处理流程如下:首先,利用 ArcGIS 软件对同一年份两个轨道的数据进行各波段的镶嵌处理;其次,基于地形数据进行遥感影像的几何校正;再次,使用数据管理裁切工具,以经过投影转换的阿勒泰地区边界数据为掩膜,对各期影像进行裁切处理;最后,通过 ERDAS 9.2 软件完成波段合成。归一化植被指数(NDVI)的变化能够反映地表植被覆盖的变化情况。其计算公式为近红外波段与可见光红波段反射率之差除以反射率之和,具体表达式如式 3-2-1 所示:

$$NDVI = (\rho_{NIR} - \rho_R) / (\rho_{NIR} + \rho_R) \quad (3-2-1)$$

植被覆盖度是一个能够反映植物生长状况及其季节和年际变化的一项指标,主要用于植物生长监测、植物覆盖时空变化分析等。计算植被覆盖度的方法很多,本研究根据 LandatstTM 数据计算植被覆盖度,其计算公式如式 3-2-2 所示:

$$f_v = \frac{NDVI - NDVI_0}{NDVI_v - NDVI_0} \quad (3-2-2)$$

式中,$NDVI$ 为像元 $NDVI$ 值;f_v 为像元的植被覆盖度;$NDVI_v$

和 $NDVI_0$ 为植被覆盖度部分和非植被覆盖度的 $NDVI$ 值。本研究对阿勒泰地区 2000—2015 年植被年际变化进行分析结果显示，该地区的植被覆盖度逐年在上升。

通过计算阿勒泰地区 $NDVI$ 年平均变化可知，该地区 $NDVI$ 整体呈上升趋势，如图 3-2-4 所示。具体而言，研究区 $NDVI$ 在 2000 年呈现上升趋势，2005 年略有下降，至 2010 年下降速度加快，此时 $NDVI$ 平均值达到最低值。这一现象的主要原因是该年降水量较往年显著减少，从而影响了 $NDVI$ 的平均值。自 2010 年起，$NDVI$ 开始逐步回升，并在 2015 年后持续上升。这一变化趋势表明研究区的植被覆盖度正在逐步改善。

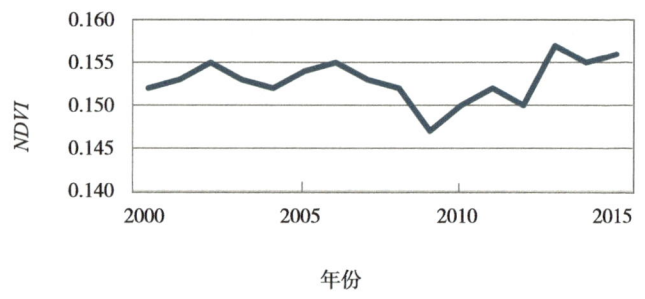

图 3-2-4　2000—2015 年 $NDVI$ 年平均变化

（四）数据标准化处理

数据处理是数据入库和数据分析前的关键步骤。通过多种监测手段获取的不同格式数据，需要在一个软件系统中进行格式转换以实现兼容运行。在数据转换过程中，可能会出现数据丢失的问题，这通常是由于工作人员操作不当所致。为避免这一问题，在数据格式转换过程中应设置参数并选择最优方法，同时还需进行数据质量检查。

实现数据共享的前提是统一不同数据的空间基准。在数据入库前,必须对数据进行统一标准化处理。正确的空间坐标是判断数据精确度的标准。在研究工作中,同一地点可能出现坐标不一致的情况,这主要是由于各种因素导致坐标出现不同程度的偏差。若测量的地理坐标与真实值偏差过大,则无法准确反映野生药用植物的真实分布状况。因此,利用已知的高精度同名地点来校正待配准数据的空间坐标是一项重要工作。

(五) 数据入库

阿勒泰地区野生药用植物时空数据库采用 Geodatabase 模型,实现了对野生药用植物资源时空数据的高效存储与管理。

运用 ArcCatalog 工具对 Geodatabase 模型进行数据存储,并通过 ArcSDE 空间数据引擎实现数据的调用。ArcSDE 是 ESRI 公司开发的一款基于大型关系数据库的空间数据库管理接口,作为关系数据库的功能扩展。相较于其他存储方式,ArcCatalog 的优势在于其提供了可视化界面,显著提升了用户操作的便捷性。在使用 ArcCatalog 存储空间数据前,需要先建立 ArcSDE 与数据库的连接,如图 3-2-5 所示。ArcSDE 的应用为空间数据库的存储提供了极大便利,该接口能够接收用户与数据交互层的指令,完成数据操作功能,如在关系数据库与 ArcGIS 之间建立存储、浏览、编辑等操作通道。

测试连接成功后,在 ArcCatalog 模块的树形结构下多出一个分支 Connection to MICROSOF-53AE19,如图 3-2-6 所示,这里更改为野生药用植物资源时空数据库。

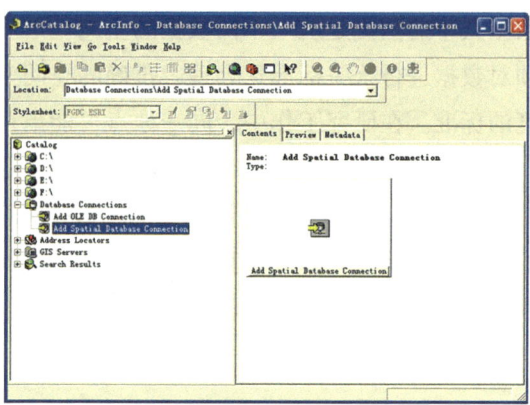

图 3-2-5 ArcCatalog 连接模块

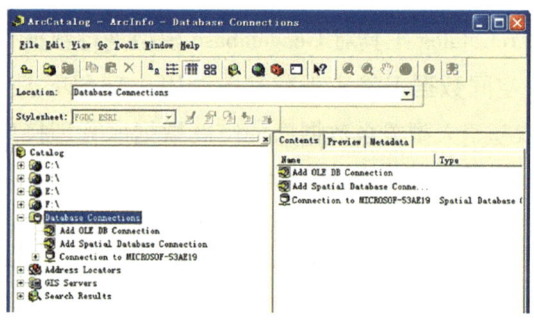

图 3-2-6 空间数据连接完成

三、野生药用植物资源时空信息管理系统构建

　　本设计通过建立野生药用植物时空数据库，实现了对野生药用植物数据的统一管理。目前，各类药用植物数据库主要基于相对单一的文字描述属性数据，并在此基础上整合了中草药研究者的实验数据及野外调查数据。这种模式虽然在一定程度上丰富了

药用植物信息资源，但仍存在明显不足：一是未能充分考虑植物生长的时空特性，难以全面把握药用植物物种的生长规律和分布规律；二是缺乏时空特性的支持，无法深入分析药用植物间的空间关系，导致难以实现野生药用植物完整信息的动态查询，也制约了对野生药用植物地域分布状况的决策分析。因此，建立时空数据库不仅能够统一管理野生药用植物的属性数据与空间数据，还能有效提升野生药用植物的信息化研究与管理水平，进而促进野生药用植物资源的可持续发展。

（一）系统目标和设计原则

1. 系统目标

阿勒泰地区植物资源管理系统是通过先进的 GIS 技术开发的管理系统，可以对阿勒泰地区植物历史及现存植物数据进行信息化管理。相比以往，数据管理效率大大提高，为阿勒泰地区野生药用植物研究者提供科学依据。

（1）快速搜索资料。数据随需随调，大大提高了方便程度。

（2）数据的规范化和自动化。对各种基础地理信息及规划信息实现规范化和科学化的管理。

（3）数据的综合集成。综合多种专题信息，提供全面、高层次、高质量的数据信息以及对数据的管理服务。

2. 设计原则

阿勒泰地区植物资源管理系统实现的功能主要包括对空间信息的获取、查询、管理及分析，在系统的开发过程中坚持将可操作性、实用性、稳定性、可靠性、易扩充性和灵活性作为开发的基本原则。

（1）可操作性和实用性原则。将通用的 Windows 操作系统作为系统的运行平台，保证系统的基本设置和操作界面易于上手，方便操作。以真实需求作为基础的思想贯穿整个系统的设计与开发过程，结合不断试验来完善系统的准则，将系统开发得更加适合于业务需求，努力使系统真正得到实用。

（2）稳定性原则。能否稳定运行，是衡量一个系统建设是否成功的基础。在系统投入使用之前，需要不断地对系统质量进行测试，力争将系统中出现的所有错误都解决掉，保障系统在投入后能够稳定运行。

（3）可靠性原则。安全验证是数据能否被安全管理的关键，系统采用权限管理和密码登录的安全机制，对于重要的数据操作进行加密授权验证，防止数据遭到非法篡改。

（4）易扩充和灵活性原则。新兴技术日新月异、飞速发展，为了适应最新功能，自动更新系统是不可或缺的，自动更新可以保证系统的可用性与灵活性；通过 ArcEngine 的组件进行二次开发后的平台具有良好的开放性、兼容性和扩展性。

（二）系统总体框架

植物资源管理系统采用三层结构，分别为应用层、中间层和数据层，以 C/S 模式进行开发，系统的总体框架如图 3-3-1 所示。

应用层是系统的客户端部分，主要负责实现用户对数据的检索和管理功能。中间层由 ArcSDE 空间数据引擎构成，作为应用层与数据层之间的连接通道，它既支持应用层读取空间数据，也提供空间数据的存储功能。ArcSDE 在系统中协助用户管理地理信息，并将这些数据提供给 ArcGIS 应用程序使用。数据层采用 SQL Server 关系型数据库来存储各类数据，ArcSDE 通过 SQL

第3章 野生药用植物资源时空数据库构建与分布模式研究

Server 实现对数据的基本管理。ArcSDE 与关系数据库管理系统（RDBMS）的协同使用，为空间数据的存储、查询和管理提供了完善的解决方案。其中，RDBMS 负责在关系表中物理存储数据，而 ArcSDE 则负责为前端的 GIS 应用程序解释数据表中的数据。之所以不直接通过 RDBMS 向 GIS 应用提供数据，是因为 RDBMS 的对象化机制主要用于存储多种非格式化数据，且其结构化查询语言不具备处理空间数据的能力。

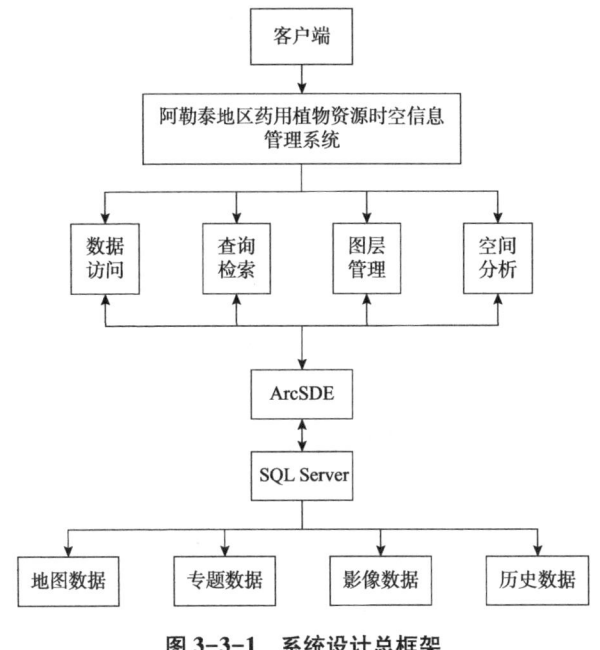

图 3-3-1 系统设计总框架

数据层主要由空间数据和属性数据构成。空间数据包括栅格数据和矢量数据，而属性数据则涵盖野生药用植物的基本信息和特征描述等内容。该数据层通过关系型数据库构建了系统的空间数据库，其中空间数据以 Geodatabase 数据表的形式存储，实现了空间数据与非空间数据的统一管理。Geodatabase 不仅支持空间数据和属性数据的存储,还利用 RDBMS 实现了数据的快速查询和显示功能。

(三) 系统功能模块设计

通过对系统进行需求分析和总体结构规划,将系统功能模块划分为以下 4 部分:用户管理模块、数据管理模块、图层管理模块和空间分析模块。具体系统组成如图 3-3-2 所示。

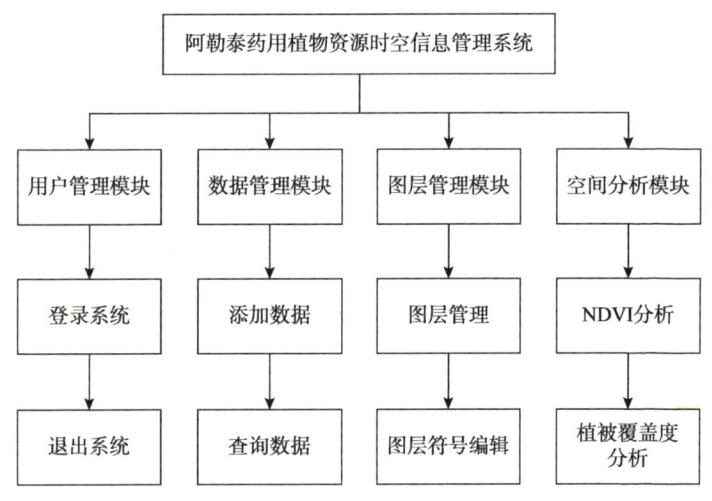

图 3-3-2　系统结构图

用户管理模块:主要用于确保系统安全,用户通过登录界面进入系统,登录时需要输入用户名及密码。

数据管理模块:该模块主要包括数据的添加、显示、管理和查询等功能。此模块支持 shape 文件、栅格文件及 Geodatabase 数据的添加。

图层管理模块：主要用于实现图层的添加、删除、移动等管理操作，这些功能可通过右键或进入图层管理界面完成。

空间分析模块：此模块主要对植物数据进行空间和时间上的分析。本系统不仅具备基本 GIS 系统中常见的空间数据分析功能，还可针对 NDVI 的年际时空变化与植被覆盖度在不同时间阶段的空间动态变化进行直观显示和分析。

(四) 功能模块展示

GIS 系统的基础是数据。在 ArcEngine 二次开发中，常涉及向 MDB、SDB 等数据库导入数据的操作。为确保处理好的数据在导入过程中不被破坏，在数据写入和删除时需要使用 IWorkspaceEdit.StartEditing 接口。若数据处理过程中出现异常，可通过 IWorkspaceEdit.StopEditing 接口实现不保存已编辑数据，从而保证数据的正确性和完整性。

采用 ADO.NET 技术访问 SQL Server 数据库，通过创建 DataAdapter 对象生成对应的 Dataset 数据集，该数据集可作为 DataGridView 对象的数据源，从而实现属性信息的显示功能。其中，DataAdapter 作为 DataSet 与数据源之间的桥梁，负责数据的检索与保存。DataAdapter 通过实现 Fill 和 Update 功能，发挥其桥接器的作用。

(五) 数据查询

空间数据是指从 GIS 数据库中提取满足特定属性和空间条件的地理对象及其相关数据。空间查询主要分为三类：空间特征查询、非空间属性数据查询，以及非空间数据与空间数据的联合查询。

空间数据查询方法多样,主要包括基于扩展关系查询语言的空间查询、可视化空间查询、基于自然语言的查询和超文本查询等。空间数据查询语言是在标准 SQL 语句的基础上扩展而成的,它在属性数据库查询语言中融入了空间关系查询功能。本研究所述系统即采用此方法,如图 3-3-3 所示。该方法的显著优势在于:保持了 SQL 语句的原有风格,通用性强,便于与关系数据库进行无缝连接。

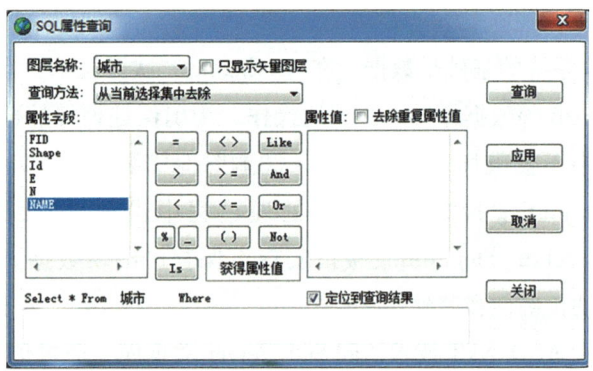

图 3-3-3　查询界面

(六) 图层管理

在 GIS 系统中,地图地理表达的基本单位为图层。图层的类型包括要素图层、栅格图层等多种形式。值得注意的是,图层本身并不存储地理数据,而仅包含对地理数据的引用。地理数据始终存储在地理数据文件或 GeoDatabase 中。通过图层管理模块,用户可以便捷地管理图层,包括进行添加、删除等操作,如图 3-3-4 所示。

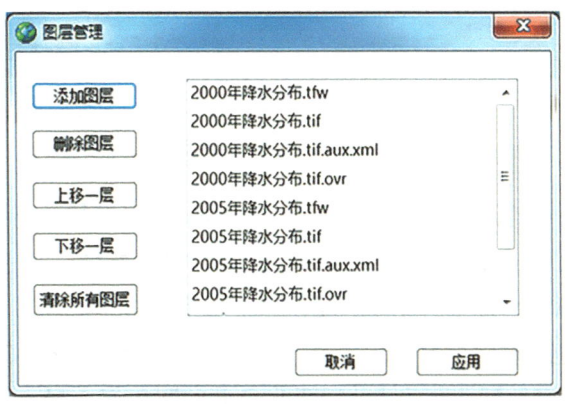

图 3-3-4　图层管理界面

（七）空间分析

空间分析是 GIS 的核心功能之一，系统的空间分析模块，主要针对 2000—2015 年的归一化植被指数（NDVI）进行数据分析。用户可通过系统直观地观察 NDVI 的变化趋势，该功能为研究植被时空变化提供了便利。分析界面如图 3-3-5 所示。

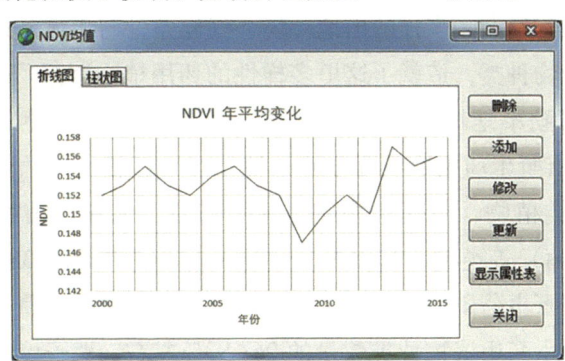

图 3-3-5　NDVI 均值分析界面

四、基于时空数据库的野生药用植物空间模式研究

（一）研究区药用植物资源分布情况

阿勒泰地区位于中国新疆最北端阿尔泰山南麓、准格尔盆地北部，地理位置为 85°32′~91°01′E，45°00′~49°11′N，行政区域面积为 11.8×10⁴ 平方千米，全区辖 1 市 6 县[24-27]。

该地区地貌由高山、丘陵、河流湖泊、沙漠戈壁等地貌组成。阿勒泰地区北部为东北-西北走向的阿尔泰山脉，西南部为东西走向的沙吾尔山脉，山区地势由北向南呈阶梯状逐渐下降[28-30]。该区域从东向西由山脉向丘陵至平坦开阔地过渡，地势由东向西逐渐降低，至西部较为开阔呈喇叭口，东北-西南走向至额尔齐斯河与准噶尔盆地为丘陵向平原过渡，相对高差 2800~3800 米，有额尔齐斯河-乌伦古河河间平原以及乌伦古河以南平原，最南部为半固定沙丘沙漠地带。地貌趋势呈北高南低、东南高西北部低的特点。

该地区复杂、多样的山地环境、气候条件与土壤条件孕育了丰富的植物种类，造就了这里多样性的药用植物资源。根据有文献记录阿勒泰地区具有药用价值的植物共有 1043 种（包括变种）。所有野生药用植物可分种子植物（包括被子植物和裸子植物）、蕨类植物、苔藓类植物、藻类植物、地衣类植物和菌类（大型真菌）等类型，其中种子植物又分为 120 余科 383 属。被子植物型野生药用植物共计 1011 种，分属 77 科 367 属，占阿勒泰地区野生药用植物种类数量的 96.93% 左右。裸子植物型野生药用植物为 12 种，分属 4 科 9 属[31-35]。蕨类型野生药用植物共 23 种，分属于 9 科 11 属。众多的野生药用植物中被列为珍惜濒

第3章　野生药用植物资源时空数据库构建与分布模式研究

危野生药用植物的种类有 48 种，分属 26 科 37 属[36-37]。

(二) 适宜性区划原则

本研究以新疆芍药为研究对象。新疆芍药是多年生草本毛茛科芍药属植物，具有很高的药用及经济价值。主要分布在阿尔泰山、噶尔西部山地的山地阴坡林下，以成丛散生为主，生长海拔在 1500~2100m[38-39]。

新疆芍药适宜性区划首先要对研究区进行实地调研，根据研究区的生态因子，确定新疆芍药与该地区生态因子之间的关系，其次，要找出影响新疆芍药分布的主要生态因子，根据这些因子与芍药之间的关系，确定影响新疆芍药生态因子的指标。最后，对新疆芍药进行适宜性分析。

新疆芍药在生长发育过程中受到众多因素的影响和制约，包括气象、土壤、海拔、坡度、坡向、年日照时数等。这些因素统称为生态指标，每种生态指标对新疆芍药的生长发育阶段起着不同的作用。本研究通过实地调查、咨询专家、引用前人研究成果等方式获取了适宜性指标。获取的指标主要有：土壤分类、年降水量、年平均气温、年日照时数、海拔、坡度、年最高气温等。

(三) GIS 层次分析法

随着对野生药用植物资源研究的深入，传统的以文献记录为主的文件系统已无法满足研究需求。目前，研究者已对野生药用植物研究成果进行了系统化整理，建立了关系型数据库，这在一定程度上提高了药用植物信息查询、管理和应用的效率。然而，传统关系数据库无法表达空间特征，仅能以二维表的形式记录野生药用植物的地理坐标、范围和特征，无法直观地展现其时空分

布和演化特征,难以从整体上反映药用植物分布与时空演进之间的关系。因此,建立野生药用植物时空数据库显得尤为重要。

时空数据库着重表达空间信息和空间关系,能够开展基于空间位置的空间分析,这是普通数据库无法实现的。时空数据库能够具体、直观地表达野生药用植物的空间位置及其相互关系,使得植物分析能够从全局角度对植物群落和空间结构之间的关系进行研究,这为植物研究奠定了基础。在一般的关系型数据库中,空间信息仅以文本形式表示,而空间数据库则可以通过点、线、面分别表现空间位置、分布范围、面积、长度及其相互关系等特征。此外,结合影像图,还可以进一步分析植物周围的地形地貌特征,从而有助于研究野生药用植物的空间分布与周边环境的关系[40-42]。

空间分析是一种基于地理对象位置和形态特征的数据分析技术,旨在提取潜在的空间信息。目前,GIS 空间分析已广泛应用于资源管理、市政规划、灾害监测、交通物流运输以及地形地貌分析等领域。通过空间分析,不仅可以获取数据库中的数据,还可以利用不同的分析方法深入挖掘空间数据中隐藏的规律和特征。本研究采用 GIS 层次分析法,其核心原理是利用 GIS 的空间分析功能生成相应的图层,并将这些图层作为评价模型的因子。根据层次分析的结果,确定各图层的权重,并通过图层之间的逻辑关系和加权代数运算,最终确定新疆芍药的适宜区域。GIS 层次分析法的具体分析过程如下:

(1)建立数据库。通过对研究区植被生长环境的考察与研究,总结出影响植物生长的因子,再根据 GIS 对数据处理的特点和要求,利用研究区的行政图、植被分布图、遥感综合解译图、土壤种类、降水分布图等建立研究区的各个图层,再存入数据库中。

(2)确定评价模型因子。通过研究生态因子对新疆芍药生长

第3章 野生药用植物资源时空数据库构建与分布模式研究

的影响以及借鉴前人的试验成果，确定对新疆芍药生长阶段中具有决定性的气象因子，包括年降水量、年平均气温、年日照时数、土壤、海拔、坡度、坡向等指标因子，根据所拥有的现实资料，确定这些指标因子作为新疆芍药生态因子。

（3）指标因子赋权。由于每个参评指标对新疆芍药生态适应性的影响作用不同，因此，根据其影响程度分别赋予了不同的权重值，作为各个因子层的属性，参与模型的运算过程。根据各层间的相互影响，在SPSS软件下进行数据处理，计算各层内部系数，当各层一致性比例均小于0.10时，即判断矩阵的一致性可以接受。

（4）建立层次模型。将阿勒泰地区新疆芍药适宜性进行综合评价，层次分析模型主要分为3层，分别是目标层、准则层、指标层，具体如图3-4-1所示。

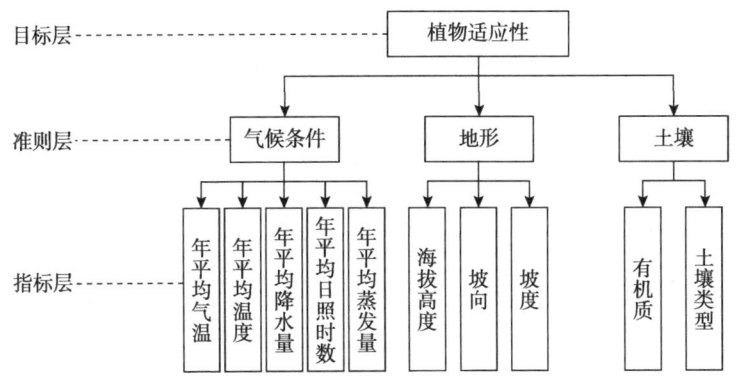

图3-4-1　新疆芍药生态评价层次分析模型

（5）分析层次模型运算。根据建立的层次叠置模型，将上述计算结果计入每个因子专题图层属性表事先定义的权重字段中，对所有图层进行叠置运算并对属性值进行代数运算，从而生成新的区域，此区域就是新疆芍药适宜生长区。

（四）分析与结论

根据上述的 GIS 层次分析法得出阿勒泰地区新疆芍药的适宜性分布区分析结果可知，阿勒泰地区新疆芍药分布海拔范围为 1500~2100 米。整个阿勒泰地区新疆芍药空间分布呈北多南少、东多西少的特征。适宜新疆芍药生长的分布区主要是哈巴河县、布尔津县、富蕴县、青河县、吉木乃县。通过对比分析年平均降水量、土壤、年平均气温等生态因子与新疆芍药生长范围，结果与新疆芍药生长习性符合，与文献记载资料吻合。影响新疆芍药的生态因子众多，其中，土壤、气温、降水量、海拔等因子占比较大。

五、小结

本研究综合运用 GIS 与 RS 技术，采集了阿勒泰地区野生药用植物资源的时空数据。基于基态修正时空数据建模思想，采用 Geodatabase 数据模型设计并构建了野生药用植物资源时空数据库。通过组件式 GIS 开发模式，构建了野生药用植物资源时空信息管理系统。在此基础上，利用 GIS 空间分析方法对阿勒泰地区典型药用植物——新疆芍药进行了适宜性分析。现将研究结果总结如下：

（1）通过收集和处理阿勒泰地区野生药用植物资源的空间数据，并基于 2000 年、2005 年、2010 年和 2015 年四个时相的遥感影像数据预处理，采用 NDVI 像元二分线性模型估算法提取了阿勒泰地区植被覆盖度的时空数据。此外，基于月尺度的气象监测数据，采用空间插值算法生成了阿勒泰地区多年度的气象时空数据。根据野生药用植物资源数据的特征，利用基态修正模型设计了时空数据库结构，并应用 Geodatabase 模型实现了野生药用植物资源时空数据的存储和管理。

（2）采用组件式 GIS 设计思想，结合 Arc Engine 组件和 C++ 编程语言，构建了阿勒泰地区野生药用植物资源时空信息管理系统。该系统实现了野生药用植物资源在可视化图形界面下的高效管理。

（3）通过利用 GIS 空间分析模块，提取了阿勒泰地区典型野生药用植物资源——新疆芍药的生态适宜区，并获取了该地区新疆芍药的主要分布区。本研究对建立新疆阿勒泰地区野生药用植物的时空数据库进行了初步探讨。在不断的研究和实验过程中，发现了一些有待进一步解决的问题。

（4）研究野生药用植物空间分布领域，应当将地理信息系统（GIS）技术、遥感（RS）技术、全球定位系统（GPS）技术以及传感器等有效结合。例如，可以利用温湿度传感器和 GPS 技术动态更新温湿度数据，从而缩短数据采集时间，更加精准地监测药用植物的生长环境，实现野生药用植物的动态监测。然而，现阶段的条件尚无法满足这一需求。

（5）时空数据库需要庞大的数据支撑，以确保实验结果的准确性。本研究的数据量相对较少，存在数据不足的问题。未来采集更多数据后，期望能够进一步完善数据库功能，从而提升药用植物时空数据库的质量和实用性。

参考文献

[1] 刘金欣，马春虎，侯静怡，等. 3S 技术在药用植物资源调查研究中的应用 [J]. 中药材，2015，47（02）：696-699.

［2］李越，李振华，龙平，等．3S 技术在药用植物资源领域中的应用现状［J］．中国实验方剂学杂志，2014，20（5）：228-233．

［3］卢颖，王文全．地理信息系统（GIS）在中药资源研究中的应用探讨［J］．北京中医药大学学报，2006，29（04）：246-249．

［4］王果平，贾晓光，李晓瑾，等．新疆药用植物标本数据库建设［J］．新疆中医药，2010，28（02）：86-87．

［5］樊婷婷．植物标本管理信息系统设计与实现［D］．成都：电子科技大学，2016：2-3．

［6］孙扬波，张林碧，陈科力，等．湖北药用植物腊叶标本数字化资源库的构建［J］．药学教育，2015（03）：28-32．

［7］彭勇，梁少伟．国内医药信息数据库简介［J］．中国中医药信息杂志，1999，6（01）：73．

［8］崔蒙．中医药行业数据库建设现状分析［J］．中国中医药信息杂志，2005，11（03）：189-191．

［9］刘海波，彭勇，肖培根，等．当前中药数据库建设中的几个问题［J］．世界科学技术：中医药现代化，2009（03）：339-343．

［10］何敏，沈敏．中药数据库的设计与建立［J］．计算机与应用化学，1999，16（05）：363-365．

［11］万仁甫，徐伟亚．中药数据库的现状及发展趋势探讨［J］．中国药房，2006，17（10）：795-796．

［12］马俊改，刘胜祥，王小琴，等．神农架国家级自然保护区药用苔藓植物的研究［J］．中国野生植物资源，2006，25（06）：15-17．

［13］盛魁．基于.NET 的中草药资源信息系统的构建［J］．昆明学院学报，2012，35（03）：83-85．

［14］陈丽华，邵运峰．药用植物资源保护评价研究进展［J］．

江西中医学院学报，2008，（01）：96-97.

[15] 张建逵，赵彦辉，尹海波，等．东北地产药用植物数据库构建初探［J］．辽宁中医药大学学报，2012，14（10）：167-168.

[16] 袁晓凤．三峡库区珍稀濒危植物信息系统［D］．重庆：西南大学，2001：11-15.

[17] 刘金欣，潘敏，李耿，等．3S 技术在药用植物资源调查研究中的应用［J］．中草药，2016，47（04）：695-700.

[18] 谷婧，冯成强，张文生，等．3S 技术在中药资源研究和管理中的应用与展望［J］．中药，2014，45（10）：1502-1505.

[19] 刘金欣，卢恒，曾燕，等．基于 3S 技术的京津冀地区野生黄芩资源储量调查研究［J］．中国中药杂志，2012，37（17）：2524-2528.

[20] 常宏，孙海峰，马微微，等．3S 技术在药用植物资源调查中的应用［J］．牡丹江师范学院学报：自然科学版，2011（01）：13.

[21] 梁红莲．GIS 应用现状及发展趋势探讨［J］．物探化探计算技术，2001，23（01）：68-74.

[22] 王庆华，郝伟．地理信息系统的发展趋势［J］．资源开发与市场，2005，21（01）：28-30.

[23] 赵俊三，赵耀龙．GIS 发展的最新趋势及其应用前景［J］．测绘工程，2000，9（02）：21-25.

[24] 沙那提·塔拉普汗．阿勒泰地区城镇园林树种调查及发展趋势探讨［D］．乌鲁木齐：新疆农业大学，2014：9-11.

[25] 于非．基于 MODIS 数据的阿勒泰蝗区植被长势及植被与蝗虫的关系研究［D］．乌鲁木齐：新疆师范大学，2008：15-16.

[26] 王荣晓.阿勒泰地的阿区气候变化及对主要农作物种植的影响[D].乌鲁木齐:新疆农业大学,2014:13-18.

[27] 冯学娇.统筹协同区域土地利用研究—以新疆阿勒泰地区为例[D].乌鲁木齐:新疆农业大学,2013:27-28.

[28] 李金贵,杨菊清.阿勒泰地区种植业生态环境的现状及合理利用初探[J].新疆农业科技,2017,(04):12-15.

[29] 王晓丽.新疆阿勒泰地区旅游景观生态规划的研究[D].乌鲁木齐:新疆大学,2007.

[30] 邢学梅,蔡李玲.新疆药用植物资源及栽培现状研究[J].中国社会医师,2016,15(01):15-20.

[31] 郭雄飞,樊丛照,王果平,等.新疆阿勒泰地区药用植物种子植物多样性及区系特点分析[J].中国现代中药,2016,18(06):711-712.

[32] 努尔巴依·阿布都沙力克.阿勒泰地区珍稀濒危药用植物资源及其保护对策研究[J].安徽农业科学,2013,41(32):12585-12586.

[33] 邓涛,邓群.阿勒泰地区药用植物资源利用现状与保护对策[J].北方园艺,2015(08):177-181.

[34] 田方,焦多礼.药用植物地理成分及海拔与中药功效的相关性研究[J].时珍国医国药,2013,24(07):1746-1748.

[35] 浪涛,夏建新,邓群,等.新疆阿勒泰地区典型药用植物群落与多样性研究[J].中药材,2016,39(08):1472-1476.

[36] 古孙阿依·吐尔孙.新疆阿勒泰地区药用植物资源调查与分析[J].黑龙江农业科,2015(01):124-127.

[37] 程芸,袁磊.新疆植物特有的地理分布规律[J].干旱区研究,2011,09(28):855-858.

[38] 马英，田丽萍，高婷婷，等．新疆芍药与窄叶芍药根中多糖含量测定及体外抗氧活性的研究［J］．石河子大学学报（自然科学版），2014（05）：573-577.

[39] 方前波．中国芍药属芍药组的分类、分布与药用［J］．现代中药研究与实践，2004（03）：28.

[40] 俞言琳．生长在新疆的植物［J］．干旱区研究，2011，9（27）：855-858.

[41] 郭磐石．基于Geodatabase的空间数据库技术在农业资源管理方面的应用研究［D］．太原：太原理工大学，2005：23-29.

[42] 郭兰萍，黄璐琦，蒋有绪，等．"3S"技术在中药资源可续利用中的应用［J］．中国中药杂志，2005，309（18）：1397.

第 4 章

新疆野生药用植物生长建模与可视化系统构建——以阿尔泰金莲花为例

随着虚拟植物可视化技术的不断发展,将野生药用植物与计算机学科相结合,不仅可以定量反映野生药用植物的形态结构规律,还可为野生药用植物资源的合理开发利用和人工繁育提供指导意见。

本章主要以新疆阿勒泰山区典型的野生药用植物阿尔泰金莲花为研究对象,从形态结构模型和动态生长模型出发,基于OpenGL图形库,以Qt4.8为开发平台结合MySQL数据库,设计并研发了阿尔泰金莲花可视化系统,对阿尔泰金莲花的各器官以及动态生长过程进行了三维可视化模拟。

一、阿尔泰金莲花的形态参数与几何建模

阿尔泰金莲花器官的可视化模拟主要针对叶片、花朵和茎的建模。在自然界中,由于内外因素的影响,不同植株之间同一类器官的形态结构会有所不同。本节详细介绍了几种典型的植物器官建模方法,结合阿尔泰金莲花各器官的形态特征,采用不同的建模方法,并结合植物生理生态学,详细阐述阿尔泰金莲花各器官三维几何模型的构建过程。

(一)典型的植物器官建模方法

1. 基于图像造型的器官建模方法

图像造型方法技术的原理是对采样获取的图形进行分析和处理,以获取所描述物体的特征信息。通过图像二值化、边缘轮廓提取和三角剖分等图像预处理技术进行进一步处理,最终建立具有真实感的三维几何模型[1-2]。该方法的主要流程如图4-1-1所示。与传统技术相比,这种方法具有独特的优点:数据来源相对容易,图形中包含了所描述物体的许多几何信息,建模过程直接对图片进行分析和处理;建模方法则具有普适性,几何建模不需要进行繁琐复杂的计算,单凭所描述物体的图像数据即可建立任意的几何模型;此外,模型的真实感较高,因为建模是基于真实的图像实时进行绘制,因此所建立的几何模型能够与原始图像惟妙惟肖。

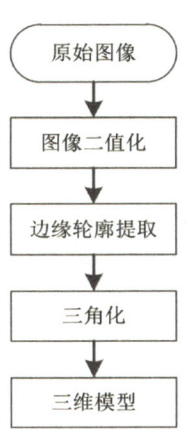

图4-1-1 基于图像的造型建模流程

边缘检测[3]是图像处理、机器视觉和计算机视觉的基本步骤之一，特别是在特征检测和特征提取领域。它涵盖了多种数学方法，其基本思想是通过识别数字图像中亮度急剧变化或不连续的点来确定物体的边界。一般而言，图像亮度中的不连续性主要表现为深度不连续、表面方向性不连续、材料特性的变化和场景照明的变化。边缘检测的方法有很多，但主要可以分为两类：基于搜索的方法和基于零交叉的方法。基于搜索的方法，首先通过计算边缘强度的度量（通常为一阶导数表达式）来检测边缘，然后估计边缘的局部方向，通常利用梯度方向搜索梯度幅度的极大值。基于零交叉的方法则是通过计算图像的二阶导数表达式的零交叉点来寻找边缘，常用的包括Laplace算子和非线性微分方程的零交叉点。常见的一阶边缘算子有Sobel算子、Roberts算子和Prewitt算子等；二阶算子包括Canny算子和Laplacian算子等。

三角剖分技术是图像造型和计算机图形学中极为重要的一项技术。Delaunay三角剖分作为一种特殊的方法，其应用非常广泛。目前，许多三角剖分优化准则本质上是在Delaunay三角剖分基础上的扩展。其原理是根据离散点确定点集，并将点集连接成一定大小的三角形（该三角形包含了点集中所有的点），如图4-1-2所示。Delaunay三角剖分算法的实现方法主要包括：逐点插入算法（Lawson算法）、Browyer-Watson算法及分割合并算法等。

第4章 新疆野生药用植物生长建模与可视化系统构建——以阿尔泰金莲花为例

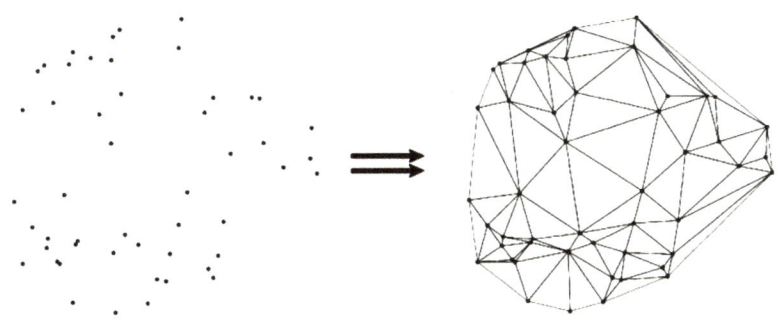

图 4-1-2 离散点联结

2. 基于自由曲面的器官建模方法

植物器官的几何形状复杂多样,大致可分为两类:一类由初等解析曲面组成(如植物的茎、枝条等),这类曲面通常可用初等函数准确描述其几何形状;另一类由自由曲面构成(如植物的果实、叶片等),这类曲面较为复杂,无法用初等解析函数清晰表达,需要构造新的函数进行描述。自由曲面建模方法根据物体的特点及形状,选出能够反映物体轮廓的控制点坐标,以自由曲面描述物体表面。自由曲线和曲面建模方法从根本上解决了不规则任意边界的造型问题。目前,广泛使用的自由曲面方法有 Bezier 曲面、B 样条和 NURBS 曲面等。本节着重介绍 Bezier 曲面和 NURBS 曲面理论。

Bezier 是计算机图形学中使用较为广泛的建模方法之一。它通过将函数逼近与几何表示相结合,使得设计师能够轻松利用计算机绘制图形,并且能够方便地调整控制顶点以改变曲线和曲面的形状[4]。与 Bezier 曲线类似,Bezier 曲面由一组控制点定义。$m \times n$ 次张量积 Bezier 曲面的公式如式(4-1-1)所示:

$$p(u, v) = \sum_{i=0}^{n} \sum_{j=0}^{m} B_{i,m}(u) B_{j,n}(v) p_{i,j} \quad u, v \in [0, 1] \quad (4-1-1)$$

其中，$B_{i,m}(u) = c_m^i u^i (1-u)^{m-i}$，$B_{i,n}(v) = c_n^j u^j (1-v)^{n-j}$ 是 Bernstein 基函数。

Bezier 曲面矩阵表达式如式（4-1-2）所示：

$$p(u, v) = [B_{0,n}(u), B_{1,n}(u), \cdots, B_{m,m}(u)] \begin{bmatrix} P_{00} & P_{01} & \cdots & P_{0n} \\ P_{10} & P_{11} & \cdots & P_{1n} \\ \vdots & \vdots & & \vdots \\ P_{m0} & P_{m1} & \cdots & P_{mn} \end{bmatrix} \begin{bmatrix} B_{0,n}(v) \\ B_{1,n}(v) \\ \vdots \\ B_{n,n}(v) \end{bmatrix} \quad (4-1-2)$$

用线段依次连接 $P_{i,j}$（$i=0, 1, \cdots, m; j=0, 1, \cdots, n$）中相邻两点所形成的空间网格称为控制网格，如图4-1-3所示。当 $m=n=3$ 时为双三次张量积 Bezier 曲面，创建一个双三次 Bezier 曲面需要 4×4 控制点和两个变量 t、v。计算在分量 v 上沿 4 条平行曲线的点，然后再利用这 4 个点计算在分量 t 上的点，计算出这些的点之后使用三角带连接它们，画出贝塞尔曲面。

非均匀有理 B 样条（NURBS）是非有理 B 样条和有理、非有理 Bezier 曲线及曲面的推广，因此继承了 Bezier 方法的所有优点并进行了改进。NURBS 曲线更加光滑，各个曲线段相对独立，局部修改将不会影响整条曲线，只会引起相邻曲线形状的改变[5]。由于引入了与控制顶点相关的权因子，NURBS 在设计各种类型的形状时具有更大的灵活性。NURBS 特别适合复杂的曲线和曲面建模，能够创建出更真实、更形象生动的造型，如飞机、船舶外形以及各种生物体造型。NURBS 曲线由曲线的次序、一组加权控制点和一个节点矢量来定义，具体如式（4-1-3）所示：

第4章 新疆野生药用植物生长建模与可视化系统构建——以阿尔泰金莲花为例

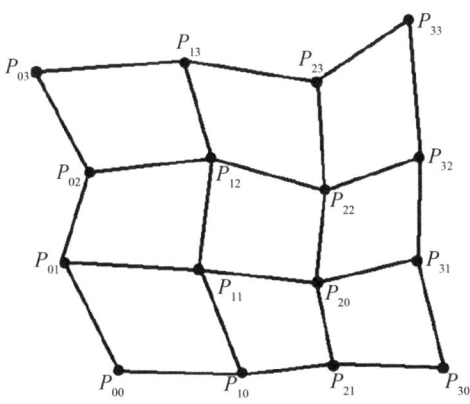

图 4-1-3 $m=n=3$ 构成的特征网格

$$P(t) = \frac{\sum_{i=0}^{n} \omega_i\, p_i\, N_{i,k}(t)}{\sum_{i=0}^{n} \omega_i\, N_{i,k}(t)} \quad (4\text{-}1\text{-}3)$$

式中，ω_i 为权因子；p_i 为控制顶点；t 为节点矢量；$N_{i,k}(t)$ 为 k 次样条基函数。

基函数由递推公式定义如式（4-1-4）所示：

$$\begin{cases} N_{i,0}(t) = \begin{cases} 1\,(t_i \leqslant t \leqslant t_{i+1}) \\ 0\,(其他) \end{cases},\ k=0 \\ N_{i,k}(t) = \dfrac{(t-t_i)\,N_{i,k-1}(t)}{t_{i+k}-t_i} + \dfrac{(t_{i+k+1}-t)\,N_{i+1,k-1}(t)}{t_{i+k+1}-t_{i+1}},\ k \geqslant 1 \end{cases} \quad (4\text{-}1\text{-}4)$$

NURBS 曲面由两个 NURBS 曲线的张量积得到，因此使用两个独立的参数 u 和 v。$a \times b$ 次张量积 NURBS 曲面公式如式（4-1-5）所示：

$$P(u,v) = \frac{\sum_{i=0}^{m}\sum_{j=0}^{n}\omega_{i,j}p_{i,j}N_{i,a}(u)N_{i,b}(v)}{\sum_{i=0}^{m}\sum_{j=0}^{n}\omega_{i,j}N_{i,a}(u)N_{i,b}(v)}$$

$$(i=0,1,\cdots,m;j=0,1,\cdots,n) \quad (4-1-5)$$

式中，$P_{i,j}$（$i=0,1,\cdots,m；j=0,1,\cdots,n$）为控制顶点，呈拓扑矩阵列；$\omega_{i,j}$（$i=0,1,\cdots,m；j=0,1,\cdots,n$）为权因子；$N_{i,a}(u)$（$i=0,1,\cdots,m$）和$N_{i,b}(v)$（$j=0,1,\cdots,n$）分别为节点矢量 u 方向上的 a 次和为节点矢量 v 方向上的 b 次、分别由节点向量 $U=\{u_0,u_1,u_2,\cdots,u_{m+a+1}\}$ 和 $V=\{v_0,v_1,v_2,\cdots,v_{m+a+1}\}$ 按递推公式决定的 B 样条基函数。

3. 基于椭球面参数方程的器官建模方法

植物器官几何建模方法最初是利用相似形态的几何元素来模拟植物器官，例如，使用圆柱形来模拟茎或根，椭圆形来模拟花瓣或叶片，椭球形来模拟果实等。随着计算机软硬件及计算机仿真技术的发展，多种更为复杂的几何建模方法逐渐被采用，如高阶多项式、自由曲线和曲面、分形等。椭球面参数方程方法作为一种复杂的几何建模方法，其原理是通过椭球面参数方程来构建所描述物体的几何形态。对于物体表面的凹凸纹理，可以使用椭球面参数方程的变形方法来实现。该方法常用于类似椭球形的植物器官，如果实和花苞等。三维椭球面参数方程 $p(u,v)$ 的分量如式（4-1-6）所示：

$$\begin{cases} x_p(u,v) = r_x \cos u \cos v \\ y_p(u,v) = r_y \cos u \sin v (-\pi/2 \leq u \leq \pi/2, 0 \leq v \leq 2\pi) \\ z_p(u,v) = r_z \sin u \end{cases} \quad (4-1-6)$$

式中，x_p、y_p、z_p 分别为椭球面上任意一点的三维坐标；r_x、r_y、r_z 分别为椭球轴半径。

第4章 新疆野生药用植物生长建模与可视化系统构建——以阿尔泰金莲花为例

已知椭球表面上任一点处的法向量为 $n=P_u\times P_v$（P_u、P_v 分别为沿 u、v 方向的偏导矢量）。为了模拟椭球面表面上的凹凸纹理，将一个扰动函数 $g(u, v)$ 作为分量的矢量，引入到椭球表面上每一点沿法线方向上[6]，从而得到一个新的表面 $Q(u, v)$，其任一点的位置矢量为 $Q(u, v)=P(u, v)+g(u, v)n/|n|$。设椭球表面上任一点 (u, v) 处的单位法矢量为 $[a(u, v), b(u, v), c(u, v)]$，则加入扰动函数后的曲面参数方程 $Q(u, v)$ 的各分量，如式（4-1-7）所示：

$$\begin{cases} x_Q(u, v)=r_x\cos u\cos v+g(u, v)a(u, v) \\ y_Q(u, v)=r_y\cos u\sin v+g(u, v)c(u, v) \\ \quad (-\pi/2\leqslant u\leqslant \pi/2, \ 0\leqslant v\leqslant 2\pi) \\ z_Q(u, v)=r_z\sin u+g(u, v)b(u, v) \end{cases} \quad (4\text{-}1\text{-}7)$$

式中，x_p、y_p、z_p 分别为椭球面上任意一点的三维坐标；r_x、r_y、r_z 分别为椭球轴半径。由方程式可以看出，干扰函数 $g(u, v)$ 的确定，对不同植物器官的几何建模起着至关重要的作用。

（二）茎的可视化建模

茎是植物体的中轴部分，在植物整个生命周期中起着非常重要的作用，具有输导、支持和贮藏等功能。在自然界中，植物茎的生长一般遵循两条规律：分支的半径小于父茎的半径；同一根茎的根部通常比顶部粗，类似于台体。

1. 茎的形态结构

阿尔泰金莲花[7]的茎高 26~70 厘米，颜色为绿或黄绿，表面光滑无毛。其形态结构相对简单，通常不分枝，或在上部有少量分枝。茎上生有 3~5 枚叶，其中基生叶为 2~5 枚，且具有长柄。

2. 茎的几何建模

阿尔泰金莲花的茎节形状类似于圆柱体，因此可以利用柱体来构建茎节间的几何模型。完成后，将多个茎节连接在一起，以最终构建出茎的几何模型。设置模型参数：长度变量 th 和粗度变量 tr，调整这些参数可以控制茎的生长及增粗，如图 4-1-4 所示。茎在生长过程中并不是笔直的，光照会引起植物向光照入射方向弯曲，因此引入弯曲变量可以较好地模拟茎在自然生长过程中产生的弯曲效果。最后，通过使用材质、纹理贴图和灯光等手段，使模拟效果更加逼真。

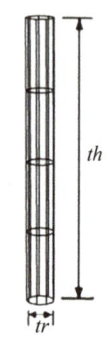

图 4-1-4　茎的模型

（三）叶的可视化建模

叶片是大多数维管植物（包括蕨类植物、裸子植物和被子植物）的重要器官，在植物的整个生命周期中发挥着不可或缺的作用，如光合作用、呼吸作用和蒸腾作用等。因此，叶片的建模与仿真在很大程度上决定了整个植物模拟的真实性。

1. 叶的形态结构

阿尔泰金莲花的叶片形状呈五角形[7]，长度为 3.5~6 厘米，宽度为 5~9 厘米。叶片基部呈心形，三全裂，裂片互相覆盖。中央全裂片呈菱形，三裂发生在近中部，二回裂片上有小裂片和锐齿。侧全裂片在近基部有两深裂，上面的深裂片与中央全裂片相似且等大。叶柄长度为 7~36 厘米，基部具狭鞘。如图 4-1-5 所示。

第4章 新疆野生药用植物生长建模与可视化系统构建——以阿尔泰金莲花为例

图4-1-5 阿尔泰金莲花叶片

2. 叶的几何建模

叶片建模的方法主要包括：基于几何特征的方法、基于图像的造型以及基于自由曲线和曲面的方法。经过研究发现，对于几何特征的方法，阿尔泰金莲花的形态结构较为复杂，叶片的几何特征较难提取。对于自由曲线和曲面的方法，阿尔泰金莲花的叶片中央为全裂片的菱形，边缘呈锯齿状，而该方法适用于构建比较光滑的曲面，对于一些有棱角或边缘较尖锐的曲面效果则不理想。对于基于图像的造型，图片数据的来源比较容易，建模时可直接对图片进行分析和处理，从中提取植物的特征信息，使得模拟效果更加真实。因此，阿尔泰金莲花叶片的几何建模采用基于图像造型的方法来实现。

首先，利用边缘提取技术对阿尔泰金莲花叶片的边缘轮廓信息进行提取。图4-1-6展示了分别使用Canny算子、Sobel算子、Roberts算子和Prewitt算子提取的叶片边缘轮廓效果图。分析边缘提取结果可以看出，Sobel算子和Roberts算子的效果并不理想，尤其是Roberts算子，整个叶片的轮廓和边缘较为模糊。Canny算子和Prewitt算子的效果相对较好，整个叶片的轮廓和边缘都非常清晰。然而，在叶片基部位置，Canny 算子的边缘清晰度优于 Prewitt 算子，效果更佳。因此，采用 Canny 算子并加入人为干预，以提取阿尔泰金莲花叶片的轮廓信息。

阿尔泰金莲花叶片经过边缘提取技术后，生成的叶片轮廓信息仅为简单的二维图形。然而，植物的叶片具有相对复杂的结构，如复杂的叶脉纹路和变形曲面等。简单的二维模型往往无法真实模拟植物叶片。因此，需对提取后的叶片轮廓信息进行网格化处理，以增加几何细节。采用常用的 Delaunay 三角剖分算法对阿尔泰金莲花叶片进行网格化处理，如图 4-1-7 所示。最后，对三角剖分后的叶片信息进行填充，从而完成阿尔泰金莲花叶片的三维建模。

图 4-1-6　各算子边缘提取结果

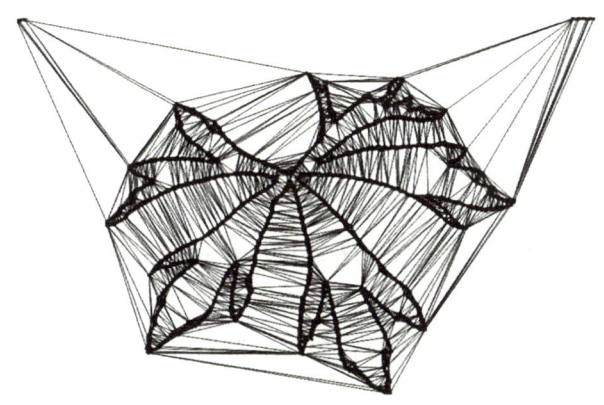

图4-1-7 叶片的Delaunay三角化部分

(四) 花的可视化建模

花朵作为植物的繁殖器官,主要由花托、花梗、花萼、花瓣和花蕊等部分构成,每个结构都有其相应的功能。因此,在对花朵进行三维可视化模拟时,需要根据构成花朵的各个结构的形态特征,采用不同的方法进行三维重建。

1. 花的形态结构

阿尔泰金莲花的花朵由萼片、花瓣和花蕊构成。萼片的颜色为橙色或金黄色,数量10~15枚,形状为倒卵形或宽倒卵形,顶端类似圆形,长1.6~2.5厘米,宽0.9~2厘米。花瓣的长度为6~13毫米,宽约1毫米,形状呈线形,且稍短于或等长于雄蕊,顶端逐渐变窄。雄蕊的长度为7~13毫米,花丝长6~10毫米,花药长3~4毫米,心皮约16枚,花柱的颜色为紫色[7]。

2. 花的几何建模

根据阿尔泰金莲花花序的形态结构和特征,分别构建了花瓣、萼片、雄蕊和雌蕊四部分的三维形态模型。若完全按照植物器官的形态结构进行分类，不利于几何模型的建立。因此，采用建模方法与形态结构相结合的方式，将具有相似形态结构特征和建模方法的植物器官归为一类。花瓣和萼片的形态结构相似，多为曲面结构；雄蕊由花丝和花药组成，雌蕊由花柱和柱头组成。花丝和花柱类似，多为细长圆柱结构，花药和柱头类似，多为椭球型结构。因此，根据建模方法可以将这四部分器官分为三类：一类为花瓣和萼片，采用 Bezier 曲面进行描述；一类为花药和柱头，采用椭球体变形后进行描述；一类为花丝和花柱，采用柱体变形后进行描述。

对于单个萼片和花瓣的模拟，采用比较常用的双三次张量积 Bezier 曲面来构造。使用双三次 Beizer 曲面建模的关键是获取 4×4 个的网格控制点，其矩阵公式如式（4-1-8）所示：

$$
\begin{aligned}
p(u, v) &= [B_{0,3}(u), B_{1,3}(u), B_{2,3}(u), B_{3,3}(u)] \\
&\quad \begin{bmatrix} P_{00} & P_{01} & P_{02} & P_{03} \\ P_{10} & P_{11} & P_{12} & P_{13} \\ P_{20} & P_{21} & P_{22} & P_{23} \\ P_{30} & P_{31} & P_{32} & P_{33} \end{bmatrix} \begin{bmatrix} B_{0,1}(v) \\ B_{1,3}(v) \\ B_{2,3}(v) \\ B_{3,3}(v) \end{bmatrix} \\
&= \begin{bmatrix} (1-u)^3 \\ 3u(1-u)^2 \\ 3u^2(1-u) \\ u^3 \end{bmatrix}^T \begin{bmatrix} P_{00} & P_{01} & P_{02} & P_{03} \\ P_{10} & P_{11} & P_{12} & P_{13} \\ P_{20} & P_{21} & P_{22} & P_{23} \\ P_{30} & P_{31} & P_{32} & P_{33} \end{bmatrix} \begin{bmatrix} (1-v)^3 \\ 3v(1-v)^2 \\ 3v^2(1-v) \\ v^3 \end{bmatrix}
\end{aligned} \quad (4-1-8)
$$

根据提取的阿尔泰金莲花花朵的单个萼片和花瓣的特征参数，分别建立 16 个控制点的几何矩阵 P_1 [4][4][3]，P_2 [4][4][3] 进行描述，如图 4-1-8（a）为萼片贝塞尔曲面，如图 4-1-8（b）为花瓣贝塞尔曲面。其中控制点矩阵 P_1，P_2 为：

第4章 新疆野生药用植物生长建模与可视化系统构建——以阿尔泰金莲花为例

$$P_1 = \begin{bmatrix} -0.130.96 - 1.81 & -0.130.62 - 1.78 & -0.130.27 - 1.74 & -0.129.93 - 1.7 \\ -0.8343.4711.6 & -6.6234.8211.3 & -6.5626.2111.43 & -0.6317.611.75 \\ -1.4643.5325.08 & -7.7334.8824.88 & -7.326.2724.88 & -1.2717.7225.2 \\ -2.0739.7838.55 & -2.6735.0452.18 & -2.626.4452.21 & -1.9321.6138.64 \end{bmatrix}$$

$$P_2 = \begin{bmatrix} -7.032.55 - 4.62 & -7.092.55 - 4.62 & -7.162.55 - 4.62 & -7.222.50 - 4.60 \\ -6.042.803.07 & -6.613.491.55 & -7.623.491.54 & -8.202.793.97 \\ -6.273.0510.77 & -6.623.4512.51 & -7.623.4512.52 & -7.973.0510.77 \\ -6.? & & & .47 \end{bmatrix}$$

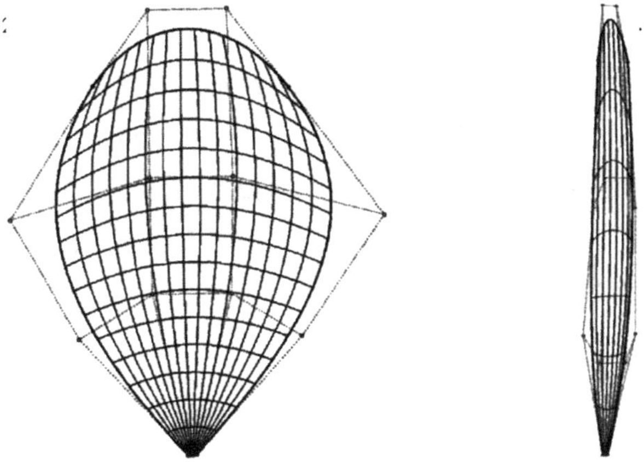

(a) 萼片　　　　　　　　(b) 花瓣

图 4-1-8　花朵部分贝塞尔曲面

对于花药和柱头，采用椭球参数方程变形的方法来构造。花药左右对称分开，中间向内凹陷。因此，对花药的凹陷特征的描述关键在于选取合适的干扰函数 $g(u, v)$。经过大量实验，将花药的几何模型与花药三维数据进行拟合，确定其干扰函数如式（4-1-9）所示：

$$g(u, v) = \frac{120\sin\left(\frac{v}{2}\right) |\cos(u) e^{|w-\pi|}|}{20} \quad (4-1-9)$$

柱头为雌蕊的组成部分，位于雌蕊的顶部，一般膨大成球状。采集柱头数据，得出：$r_x=$（1/4.32）$r_y=$（1/13.4）r_z，式中，$-\pi/2 \leqslant u \leqslant \pi/2$，$0 \leqslant v \leqslant 2.1$。

对于花丝和花柱，采用圆柱体变形的方法进行构造。花丝是支撑花药的结构，细长且呈丝状；花柱是雌蕊的组成部分，通常为细长的圆柱结构。二者均可以通过圆柱体变形构建几何模型。在构造出花瓣、萼片、雄蕊和雌蕊的几何模型后，基于阿尔泰金莲花花朵的拓扑结构，可以重建其三维形态。首先，分别通过花瓣和萼片的描述参数创建花瓣和萼片的几何模型。其次，使用花丝和花药的描述参数构建雄蕊的几何模型，再用花柱和柱头的描述参数构建雌蕊的几何模型。最后，将花瓣、萼片、雄蕊和雌蕊组合成完整的花朵。

二、阿尔泰金莲花拓扑结构建模与动态生长模拟

定量化测定阿尔泰金莲花单株的拓扑结构、几何特征等，通过数学统计、模式识别等方法提取各器官的形态结构特征，并建立器官模型。然后，基于植物生理生态学对各器官进行组合，在计算机上再现植株的三维模型。本节主要利用 L 系统实现阿尔泰金莲花单株的三维可视化模拟。依据阿尔泰金莲花植株的拓扑结构，并结合前一节所建立的植物各部分器官的几何模型，详细阐述阿尔泰金莲花单株三维可视化模拟的实现过程。

（一）L 系统理论

L 系统是由荷兰 Utrecht 大学的 Aristid Lindenmayer 于 1968 年提出并开发的。Aristid Lindenmayer 最初使用 L 系统描述简单多细

第4章 新疆野生药用植物生长建模与可视化系统构建——以阿尔泰金莲花为例

胞生物的生长模式,如酵母和丝状真菌,并说明植物细胞之间的邻近关系。后来,该系统被扩展以描述高等植物及复杂的分支结构。L系统作为一种广泛使用的虚拟植物生长建模方法,为三维仿真和计算机图形学提供了强有力的工具。

1. 简单L系统

L系统或Lindenmayer是一种并行重写系统,又称为字符串替换法[8]。它的本质是一个重写系统,通过不断替换初始对象来实现。该系统通过构造重写规则和初始字符串,利用重写规则反复将初始字符串替换为新的字符串,进行有限次数的迭代。Lindenmayer初始用于模拟藻类的生长过程,实际上可以被描述为一个重写的过程。定义初始字符串为A,重写规则为(AAB,BA),迭代次数为n。当$n=0$,此时初始字符串A只执行重写规则$A \rightarrow AB$,即A由AB替代,此时迭代后的字符串变为AB;当$n=1$时,此时字符串AB中A和B分别执行规则AAB与BA,即A由AB替代,B由A替代,此时迭代后的字符串变为ABA,以此类推,最终满足所规定的条件后终止迭代。系统演变过程如图4-2-1所示。

$n=0$:A
$n=1$:AB
$n=2$:ABA
$n=3$:ABAAB
$n=4$:ABAABABA
$n=5$:ABAABABAABAAB
$n=6$:ABAABABAABAABABAABABA
$n=7$:ABAABABAABAABABAABABAABAABABAABAAB

图4-2-1 L系统字符串演变过程

L系统规则的递归性质导致了自相似性。因此,分形形式很容易用L系统来描述。L系统包括一系列可用于生成字符串的符号,一个符号将每个符号扩展为更多符号串的产生式规则集合，一个符号用于开始构建的初始"公理"字符串，以及一个符号将生成的字符串转换为几何结构的机制，定义为一个三元组，如式（4-2-1）所示：

$$G = (V, \omega, P) \quad (4-2-1)$$

式中，V 是一个字符集，包含可替换元素和不可替换元素；ω 为公理，定义了系统的初始状态；P 是一组产生式或产生式规则，定义了变量可以用常量和其他变量组合替代的方式。一个产生式由两个字符串组成，即前驱和后继，可表示为 ax，其中 a 为前驱，x 为后继。任取 aV，存在 xV^*（V 上所有字母的集合）使得 ax，如果没有明确的产生式，则令 aa。

2. 随机 L 系统

随机 L 系统[9]是一种改进后的 L 系统。它的目的是克服简单 L 系统（DOL 系统）语法模型的确定性特征。在简单 L 系统中，给定语法字母表中的任何符号仅有一条产生式规则，并且总是执行相同的转换，这导致生成的图形非常规则且呆板。随机 L 系统通过将随机性引入产生式规则，能够模拟植物在自然界中生长的潜在不确定性，从而生成更形象、更贴合自然的图形。

随机 L 系统是由一个四元组定义的，其定义如式（4-2-2）所示：

$$G = (V, \omega, P, \pi) \quad (4-2-2)$$

式中，V 为字符集；ω 为公理；P 为产生式集；π 为概率分布函数，其定义为 $\pi: P \rightarrow (0, 1]$，用来确定每个产生式 P 的使用概率。设 a 为字符集 V 中任意字符，以 a 为前驱的产生式规则可以有很多个，但它们的概率之和必须为 1。在随机 L 系统中，为字符集合中的某个符号指定多个产生式规则，并且给出每个生产规则发生的概率，从而在同样的迭代次数下可以得到形态各异

的植物模型。应用实例如下:

ω: aba
P_1: $a \rightarrow$ (0.4) a
P_2: $a \rightarrow$ (0.4) b
P_3: $a \rightarrow$ (0.2) ab
P_4: $a \rightarrow aba$

产生式 P_1、P_2 均有 0.4 的概率被选择,用字符 a 来代替字符 a 或 b。P_3 则有 0.2 的概率被选择,用字符 a 来代替字符 ab。在系统没有指明应用概率时,默认值为 1,即 $\pi(P_4)=1$。

3. 上下文相关 L 系统

从上下文相关上,L 系统可分为 0L 系统、1L 系统、2L 系统三类[10]。0L 系统也就是上下文无关 L 系统,前面讨论的随机 L 系统、简单 L 系统等就是 0L 系统,0L 系统在字符串重写时,只考虑前驱字符而不考虑前驱字符的上下文关系。1L 系统和 2L 系统称为上下文相关 L 系统。1L 系统的产生式规则不仅要考虑前驱字符,而且还要考虑前驱字符前面或者后面的语法关系。其产生式形式可表示为:$alax$ 或 $aarx$,其中 al 为左上文,ar 为右上文,表达的含义为:当字符 a 的左侧为字符 al 时,a 就可以被 x 替代或者当字符 a 的右侧为字符 ar 时,a 就可以被 x 替代;而 2L 系统的产生式规则既要考虑左上文又要考虑右上文,其产生式形式可表示为:$alaarx$。上下文相关 L 系统比上下文无关 L 系统语法更普遍,因为某些情况只能由上下文相关 L 系统进行描述,如植物内部的营养物质、生长激素等信息流动。上下文相关 L 系统应用实例如下:

ω: baaaa
P_1: $b<a>a \rightarrow b$
P_2: $b \rightarrow a$

其中，初始公理为 $baaaa$，由产生式 P_1 的定义可知，字符必须满足左语义为字符 b 右语义 a 时，字符 a 才能被 b 替换。在经历第一次迭代时，字符串 $baaaa$ 只有第二个字符 a 满足产生式 Pl 的规则，被字符 b 替换，其他字符根据产生式的规则进行替代，因此 P_2 迭代后的字符串为 $abaaa$。在经历第二次迭代时，字符串 $abaaa$ 中只有第三个字 a 满足产生式 Pl 的规则，因此迭代后的字符串为 $aabaa$。在经历第三次迭代时，字符串 $aabaa$ 中只有第四个字符 a 满足产生式 Pl 的规则，因此迭代后的字符串为 $aaaba$。

4. L 系统的图形解释

由简单 L 系统的基本定义可知 L 系统中的 ω（公理）和 P（产生式）都是由字符串进行描述，因此经过有限次反复迭代后最终会得到一个 L 字符串。为了使字符串具有计算机图形学意义并且能模拟出几何图形，需要为每个字母赋予一个特定的图形解释。一般，常用 Prusinkiewicz 等提出的 Turtle 几何，来对 L 系统进行图形解释。其基本思想是假定在空间中存在一只乌龟（Turtle），乌龟的状态包括乌龟所处的空间坐标以及乌龟的朝向。然后利用乌龟几何定义依次将经过有限次迭代后的 L 系统所产生的新字符串中的每一个字符解释为绘图动作，如旋转、画线等，最终绘制出几何图像。

对于二维空间来讲，乌龟的状态定义为三元组 (x, y, θ)，其中二维坐标 (x, y) 表示乌龟所处的二维空间位置，θ 为乌龟头部在二维平面上所朝的方位。乌龟（Turtle）几何对应于下述符号表示的命令：

$F(d)$：沿着当前的方向前进一步，步长为 d，乌龟的状态为 (x', y', θ)，其中 $x' = x + d \times \cos\theta$，$y' = y + d \times \sin\theta$，从坐标点 (x, y) 到坐标点 (x', y') 之间画一条直线。

+：向右的方向（顺时针）旋转一定角度 α，乌龟的状态为 $(x, y, \theta-\alpha)$。

——第4章 新疆野生药用植物生长建模与可视化系统构建——以阿尔泰金莲花为例

-: 向左的方向（逆时针）旋转一定角度 α，乌龟的状态为 $(x, y, \theta+\alpha)$。

根据这些简单的规则，对字符串 *FFF+F+F+FF-F+F+FF* 进行说明。设定乌龟的初始状态（0, 0, 90），+、-旋转角度 α 为 90°，则字符串图像解释如图 4-2-2 所示：

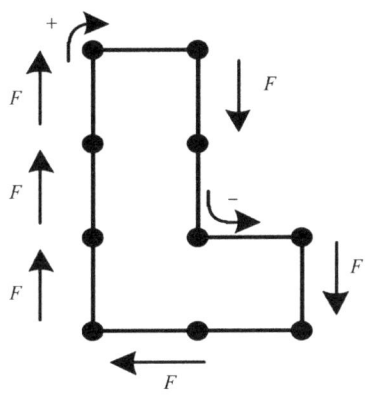

图4-2-2 字符串 *FFF+F+F+FF-F+F+FF* 图像解释图

上述的字符只能生成一条连续的直线，如果要描述带有分支结构的植物，需要引入"［"和"］"这两个符号，其龟形几何解释如下：

［: 把当前乌龟的状态保存在堆中，包括位置坐标和方向等。

］: 取出栈顶的乌龟的状态保存为当前乌龟状态。

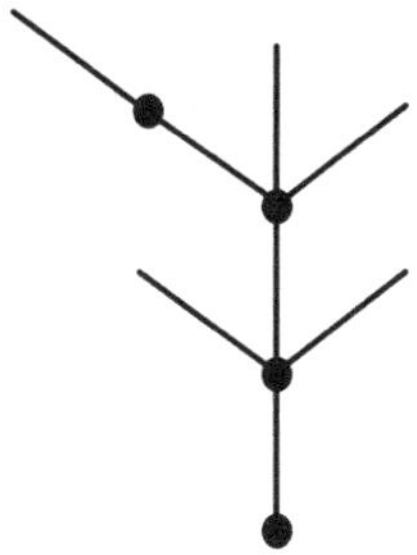

图 4-2-3 *F*［+*F*］［-*F*］ *F*［+*F*］-*FF* 绘制图形

例如，对于命令字符串 *F*［+*F*］［-*F*］ *F*［+*F*］-*FF*，设置初始状态为（0, 0, 90），步长 *d* 为 5，+、-旋转角度为 45°，其绘制的图形如图 4-2-3 所示。

上述对 L 系统的图形解释是在二维空间下描述的,对于三维空间,乌龟的状态需要一个六元组 (x, y, z, H, L, U) 定义。H、L、U 分别表示向前、向左、向上的方向向量。H、L、U 互相垂直,可表示为 $H \times L = U$,乌龟在三维空间中绕着 H、L、U 三个方向进行旋转,如式(4-2-3)所示,可表示为:

$$[H', L', U'] = [H, L, U] R \quad (4\text{-}2\text{-}3)$$

其中,

$$R_H(\alpha) = \begin{bmatrix} \cos\alpha & \sin\alpha & 0 \\ -\sin\alpha & \cos\alpha & 0 \\ 0 & 0 & 1 \end{bmatrix}$$

$$R_L(\alpha) = \begin{bmatrix} \cos\alpha & 0 & -\sin\alpha \\ 0 & 1 & 0 \\ \sin\alpha & 0 & \cos\alpha \end{bmatrix} \quad (4\text{-}2\text{-}4)$$

$$R_U(\alpha) = \begin{bmatrix} 1 & 0 & 0 \\ 0 & \cos\alpha & -\sin\alpha \\ 0 & \sin\alpha & \cos\alpha \end{bmatrix}$$

三维空间中乌龟几何对应于下述符号表示的命令:

+(θ):绕 U 方向旋转 θ 角度,对应矩阵为 $R_u(\theta)$;

&(θ):绕 L 方向旋转 θ 角度,对应矩阵为 $R_L(\theta)$;

\\(θ):绕 H 方向旋转 θ 角度,对应矩阵为 $R_H(\theta)$。

(二)植物学相关知识

1. 植物的生长发育

植物的生长发育贯穿整个生命周期,是一项极其复杂的生命活动过程。绿色植物的生长过程主要分为三个阶段:

(1)种子萌发阶段。种子萌发是植物生长发育的第一个阶段，标志着植物生长的开始。此阶段主要包括吸水萌动、内部物质和能量转化以及胚根突破种皮发育成根三个步骤。

（2）营养生长阶段。植物从种子萌发开始进入营养生长阶段。在此阶段，植物主要表现为根、茎、叶等营养器官的快速发育。这些营养器官为植物进入下一阶段（生殖生长阶段）的器官生长提供了绝大部分养分。

（3）生殖生长阶段。当高等植物的营养生长达到一定阶段后，开始分化形成花芽，植物随后进入生殖生长阶段，经历开花、结果，进而产生种子，这一过程称为生殖生长阶段。

2. 植物的分支

植物的茎在生长发育过程中，顶芽形成主干，主干上的腋芽形成分枝，而分枝上的腋芽又会再次形成分枝，如此循环便形成了复杂的分枝系统。由于顶芽和腋芽的活动存在特定的关联，当顶芽的生长活动较为活跃时，腋芽的活动会受到不同程度的抑制，反之亦然。因此，每种植物都会形成特定的分枝方式。植物茎的分枝方式可以分为以下几种类型，如图4-2-4所示。

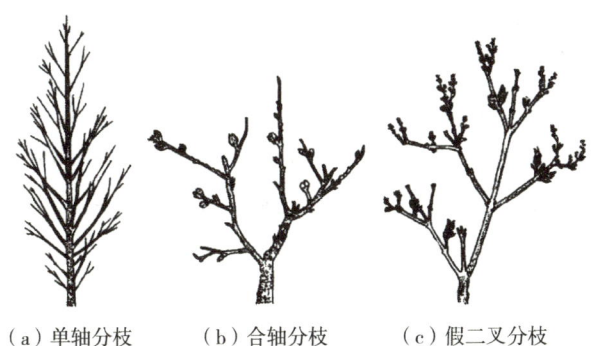

（a）单轴分枝　（b）合轴分枝　（c）假二叉分枝

图4-2-4　植物茎的分支类型

（1）单轴分枝。顶芽不断向上生长，形成直立而粗壮的主轴。同时，主轴上的腋芽发育形成侧轴，侧轴上的腋芽又进一步发育形成新的侧轴。然而，主轴的生长占据明显优势，侧轴长度均不超过主轴。这种分枝方式称为单轴分枝。单轴分枝多见于裸子植物（如松树、杉树）和部分被子植物（如白杨、柳树、山毛榉），以及极少部分草本植物（如黄麻）。

（2）合轴分枝。顶芽在生长到一定阶段时会死亡或生长缓慢或转化为花芽，此时由其下方邻近的腋芽代替顶芽继续生长发育，形成新枝。新枝的顶芽到达一定阶段后停止生长，随后由其下方邻近的腋芽继续替代，如此循环进行。这种由顶芽被其下方邻近的腋芽替代的分枝方式称为合轴分枝。采用合轴分枝方式生长的植物一般呈开展形，如苹果树、无花果树、榆树和核桃树等。

（3）假二叉分枝。顶芽停止生长或转变为花芽后，其下面的两个对生腋芽同时发育，形成两个相似的叉状分枝。每个分枝又以相同的方式进行分枝，这种分枝方式称为假二叉分枝。如丁香、辣椒、接骨木和石竹等植物都是这种分枝方式。

3. 植物的开花习性

当植物生长发育从营养生长进入生殖生长时，花芽开始形成。随着植物的花蕾逐渐发育成熟，花被开始张开，露出雌蕊和雄蕊，这一过程称为开花。开花是多数被子植物和部分裸子植物生长发育过程中的重要阶段，也是高等植物繁殖后代的一种生存策略。每种植物都有其特定的开花习性，这通常体现在开花周期、开花季节和花期长短上。一年生植物通常在几个月内就能开花，能够在一个生长季节内完成整个生活周期（包括开花、结果和死亡）。而两年生植物在第一个生长季节只进行营养生殖，直到第二个生长季节才开花、结果和死亡。多年生植物能够常年生长，并且每年都能开花。不过，也有一些多年生植物在整个生命周期中仅开花一次，如龙舌兰和竹子等。

（三）单株可视化建模

阿尔泰金莲花单株的动态生长可视化模拟主要聚焦于植物生长发育的过程，研究植物生长中的拓扑结构演变及几何形态变化规律，并提取生长规则以建立相应模型。因此，采用著名的植物模型参数L系统，以可视化的方式表现阿尔泰金莲花的拓扑结构。阿尔泰金莲花是一种多年生草本植物，地上部分由茎、叶和花等器官组成，茎高约70厘米，基生叶，花单独顶生。本研究根据阿尔泰金莲花的生理发育阶段，分别建立相应的文法规则，实现动态生长可视化模拟。这些生理发育阶段可分为种子萌发、营养生长和生殖生长三个阶段。

记种子萌发为 $t1$、营养生长为 $t2$、生殖生长为 $t3$，则参数L系统的文法规则为：

$\omega: A(0)$

$P_1: A(t): t <= t1 \rightarrow \sim(8)!(0.95)F(t \times 0.12)/(137.5)[\&(30)J(t \times 1.05)]A(t+1)$

$P_2: A(t): t <= t2 \rightarrow \sim(8)!(0.95)F(t \times 2.4)/(137.5)[\&(60)J(t \times 1.5)]A(t+1)$

$P_3: A(t): t = t3 \rightarrow \sim(8)!(0.95)F(t \times 0.005)[\&(80)M]A(t+1)$

公理中 $A(0)$ 表示植株的生长时间为0；产生式 P_1 表示植株处于种子萌发阶段，此时植株生长出茎、叶形成幼芽；产生式 P_2 表示植株处于营养生长阶段，此时植株快速生长，茎逐渐增高、增粗，叶片也不断伸长、增大，式中，J 表示叶片模型，通过改变括号内的参数实现叶片逐渐生长过程。产生式 P_3 表示植株处于生殖生长阶段，此时植株开始分化形成花芽，花芽逐渐生长形成花朵，

式中 M 表示花朵模型。其中，~（）表示随机旋转角度；！（）表示茎粗度的缩放比例；／（）表示茎和器官之间的夹角。

对于叶片和花朵的器官几何模型，采用本章第一节所介绍的植物各部分器官建模方法进行构建，然后根据文法规则载入系统，最终实现阿尔泰金莲花动态可视化模拟。

三、阿尔泰金莲花三维可视化模拟

阿尔泰金莲花三维可视化系统的设计基于深入的需求分析，从不同层次和角度构建一个逻辑严密的软件系统整体结构与功能模块。其核心目标是通过计算机图形学、图像处理技术以及跨学科知识的应用，将植物的图像信息以二维或三维的形式在计算机上生动呈现。在此基础上，进一步探讨该系统实现的可行性、所采用的技术路线、开发平台的选择及系统的总体设计，并强调虚拟植物动态生长过程的最终展现形式为计算机图像。整合前几章关于阿尔泰金莲花各器官（如茎、叶片、花朵等）的几何模型、单株动态生长模型及系统功能模块的内容，旨在设计并研发出能够体现阿尔泰金莲花特征的可视化软件。

本节还将详细阐述该可视化软件的一些关键功能模块，包括但不限于：用于展示各个器官特性的器官可视化模块、反映单株植物整体形象的单株可视化模块，以及支持用户对模型进行各种操作的模型操作模块。这些模块共同构成了一个全面且具互动性的阿尔泰金莲花三维可视化平台。

（一）系统分析与设计

该系统是利用 C++ 编程语言以 Qt 为平台、MySQL 为数据库，基于OpenGL提供的强大底层图形库进行研发与实现的。Qt和OpenGL均为开源的，且拥有丰富的API以及其他大量资源可以查阅。

系统中所使用的虚拟植物建模方法均来自目前较为成熟且广泛使用的三维可视化建模技术。这些技术经过前人的不断优化与改进，保证了模拟效果的质量和真实感。

1. 系统技术路线

在前人研究的基础上，分析了几种经典的虚拟植物建模方法及成熟的三维可视化仿真技术。采用参数L系统来描述植物的拓扑结构，并利用C++语言在Qt平台上结合OpenGL图形库实施可视化系统的研发。系统技术路线如图4-3-1所示。

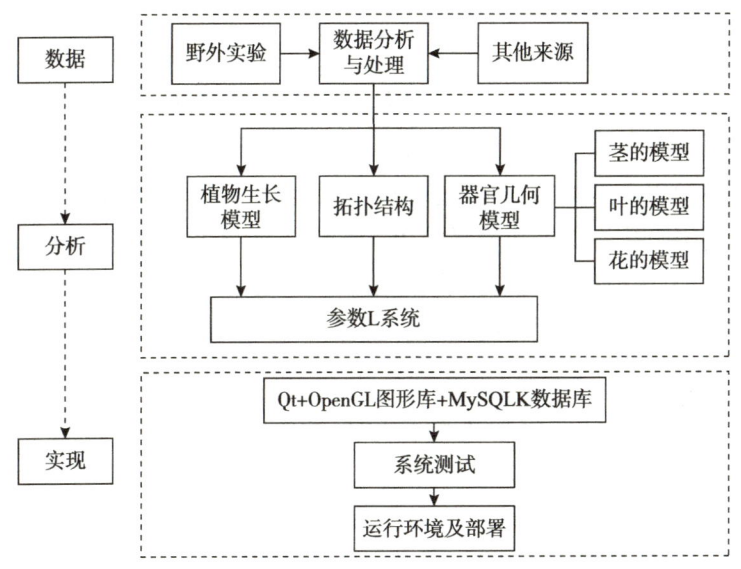

图4-3-1 系统技术路线

本技术路线由三部分组成：第一部分是数据采集与处理。数据来源主要有两种方式：一种是野外实验（在阿勒泰山区实地考察，收集实验数据）；另一种是其他来源，包括合作大学和研究所的资料、查阅植物学相关书籍、网络查询以及咨询相关专家等。对收集的数据进行分析与处理，为下一步研究提供数据基础。第二部分是分析，主要通过对阿尔泰金莲花各部分器官的形态结构以及植株的拓扑结构进行分析，选择适当的方法构建植株各部分器官（茎、叶片、花朵）的几何模型，并结合参数 L 系统模拟阿尔泰金莲花植株的动态生长过程。最后一部分是系统实现，使用 Qt 作为平台、OpenGL 作为图形库、MySQL 作为数据库进行系统构建，从而完成阿尔泰金莲花三维可视化软件的研发。

2. 系统开发平台

（1）Qt 平台。Qt 是一个跨平台且开源 C++的 GUI 应用程序开发框架，其工具旨在简化桌面、嵌入式和移动平台创建应用程序和用户界面的工作。Qt 具有多平台性、模块化程度高、完善的国际化支持、丰富的 API、支持 2D／3D 图形渲染、支持 OpenGL 图形库以及 XML 等特性。Qt 优良的跨平台性体现在能够支持 Microsoft Windows、Linux、UNIX（OSF/1、Tru64）、OS390、iOS、Android 等多种操作系统。Qt 经过多年的版本演变，不但具有比较完善的 C++图形库，而且还逐渐集成了 Python 脚本、数据库、多媒体库、XML 库、WebKit 库等。Qt 还能较好地兼容 OpenGL 图形库，这是本研究选取 Qt 作为开发平台的最主要原因。

（2）OpenGL 库。OpenGL（Open Graphics Library）是用于渲染 2D 和 3D 矢量图形的跨语言、跨平台的应用程序编程接口

(API)[11-12]。通常用于与图形处理单元（GPU）交互，以实现硬件加速渲染。OpenGL自诞生以来广泛应用于计算机辅助设计（CAD）、虚拟现实（Virtual reality）、科学可视化（Scientific visualization）、信息可视化、飞行模拟和视频游戏等领域。OpenGL可以与许多语言绑定，其中最值得注意的是JavaScript绑定WebGL（基于OpenGLES2.0的API，用于从Web浏览器内进行3D渲染）；C绑定WGL、GLX和CGL；iOS提供的C绑定；以及由Android提供的Java和C绑定。除了独立于语言外，OpenGL也是跨平台的，即OpenGL程序与平台无关，可以在多个平台使用，如Windows、Linux、iOS等。OpenGL还是一个不断发展的API。除了具有核心API所需的功能之外，图形处理单元（GPU）供应商还可以以扩展的形式提供附加功能，这大大增加了OpenGL的灵活性。所有扩展都收集在OpenGLRegistry中并由其定义。

OpenG中的顶点、像素等原始数据需要通过不同阶段的处理变换，才能生成最后的可视图像，称为图形渲染管线[13]。图形渲染管线简单来说就是将3D对象渲染到平面上的流程。图形渲染管线当中的操作基本可分为八个阶段：指定几何图元、顶点处理、图元装配、图元处理（裁剪、消隐）、栅格化操作、片元处理、片段操作、帧缓冲操作。如图4-3-2所示。

图元装配：该阶段把经过顶点处理后的顶点根据图元规则组装为特定的基本图形的形状（三角形、线段和点等）。

栅格化操作：将经过图元处理的几何图元，分解成更小的单元并对应帧缓冲区的各个像素。栅格化其实就是将图元从三维坐标转换为二维平面图像的过程。

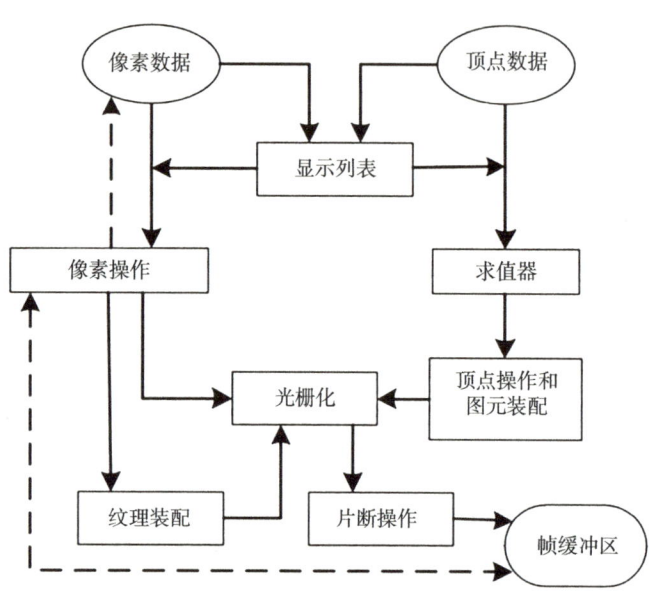

图 4-3-2 OpenGL 图形渲染管线

片段操作：对片元进行一系列检测，如像素所有权（ownership）检测、裁剪检测、Alpha 检测、模板检测、深度检测、融合、抖动以及逻辑操作等，只有通过所有的检测之后，片元才会替换或者合并帧缓冲区已有值。

帧缓冲操作：该阶段执行帧缓冲写入操作，将通过所有检测的片元数据写入帧缓冲区，最后显示出来。

（3）Assimp 库。Assimp（Open Asset Import Library）是一个跨平台的 3D 模型加载库，主要为不同的 3D 资源格式文件提供一个通用的应用程序编程接口（API）。Assimp 支持很多种不同的文件格式，包括 COLLADA（.dae）、3DS、DirectX、OBJ 和 Blender3D（.blend）。在高版本中，Assimp 还提供了一些 3D 文件格式的导出功能。

第4章 新疆野生药用植物生长建模与可视化系统构建——以阿尔泰金莲花为例

对于载入功能来说，Assimp 会把不同格式的模型文件转换为统一的数据结构，读取时可以用同一种方式获取模型数据。Assimp 加载包含模型和场景数据的模型文件，会将这个模型文件中所有数据（场景节点、模型节点等）生成具有对应关系的数据结构。

Mesh 类是连接 Assimp 库和 OpenGL 程序的重要接口，该类会通过 LoadMesh 函数载入模型文件，然后解析载入的模型文件，生成顶点缓存、索引缓存以及纹理对象等。Render 作为 Mesh 类的重要函数，其功能是对三维模型进行渲染。Mesh 类的内部数据结构与 Assimp 库载入模型的方式相匹配，Assimp 库使用 aiScene 对象来表示加载的模型，aiScene 对象中包含了一种或多种 mesh 结构。m_ Entries 是 MeshEntry 类型的结构体向量，每个结构体中都与 aiScene 对象中的 mesh 结构相对应，这些 mesh 结构中包含顶点缓存、索引缓存以及纹理索引等。

对于导出功能来说，本研究只介绍 DAE、STL、3DPDF 三种输出格式。Scene 作为 Assimp 的一个重要结构，无论导出任何格式的模型文件，都需要面向 Scene 操作。如图 4-3-3 所示。

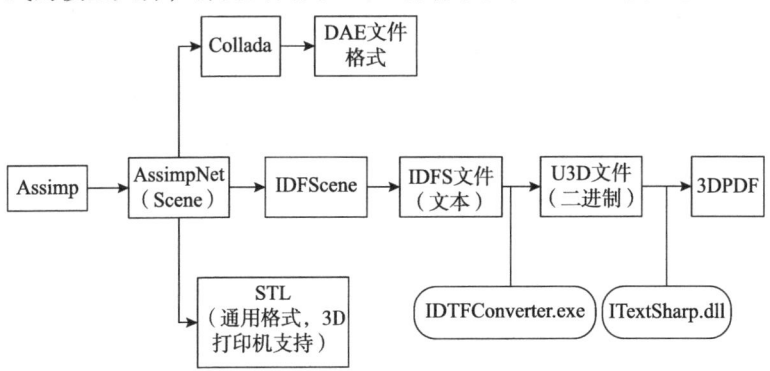

图 4-3-3 Assimp 输出三种模型格式的示意图

从 Scene 输出到 3DPDF 文件格式的思路：首先将模型输出到 IDTF 文件格式（文本文件），然后再将 IDTF 文件格式转换成 U3D 文件格式（二进制），而 U3D 文件格式输出 3DPDF 文件格式较为容易。依此类推，所有的模型都可用这种方式输出 3DPDF 文件格式。其中，IDTFConverter.exe 为 IDTF 文件格式转换成 U3D 文件格式的可执行文件；iTextSharp.dll 为库文件，主要为 U3D 文件格式写入 3DPDF 文件格式提供支持。从 Scene 输出到 DAE 文件格式或 STL 文件格式较为简单，这里不再赘述。

3. 系统设计目标

阿尔泰金莲花可视化软件设计的目标主要有以下几点：

（1）可以任意操作视角。用户可以在软件的视角区域内任意操作视角，包括平移、旋转和缩放，以实现对阿尔泰金莲花各器官的全方位观测。

（2）可人机交互。优秀的软件设计应具有良好的人机交互界面，通过键盘、鼠标等设备与系统进行交互，以方便相关操作。

（3）可存储数据。系统应能够存储设置的参数（如系统初始值、构建植物各器官几何模型的参数、几何模型输出的结果参数等），方便系统进行再次调用。

（4）系统应该能够模拟阿尔泰金莲花的动态生长过程。根据阿尔泰金莲花的生理发育阶段（包括种子萌发、营养生长和生殖生长），实现其动态生长的可视化模拟。

（5）系统应具有良好的兼容性。对于结构较为精细复杂的模型，这些模型通常需要经过 3D 建模工具的特殊处理，然后导入系统中使用，因此系统需要具备载入外部模型的功能，同时还需支持导出部分模型，以便其他软件使用。

（6）生成具有高度真实感的阿尔泰金莲花三维几何模型。模型应能够清晰表达纹理和细节。

4. 功能模块设计

本系统基于参数 L 系统、植物生理生态学以及计算机图形学,实现了阿尔泰金莲花的三维可视化模拟。该系统利用参数 L 系统表现植株的拓扑结构,并基于植物生理生态学将各器官组合成完整植株,最终通过计算机展示阿尔泰金莲花的静态及动态三维形态。功能上可分为五个模块:器官可视化模块、单株可视化模块、模型操作模块、数据存储模块和用户交互模块。图4-3-4为阿尔泰金莲花可视化模拟系统的功能结构图。

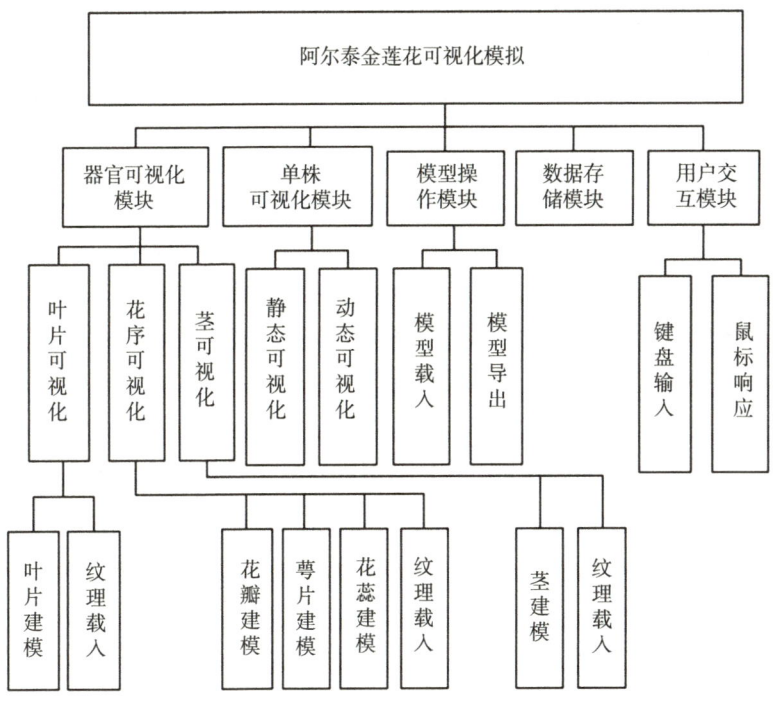

图4-3-4 阿尔泰金莲花可视化模拟系统功能结构图

（1）器官可视化模块。主要包括茎、叶片和花的可视化。系统根据各器官的形态特征进行归类，分别采用不同的建模方法对茎、叶片以及花朵进行建模，并载入纹理贴图，使各器官的模拟效果更加逼真。此外，阿尔泰金莲花在不同生长阶段各器官的形态结构会有所不同，因此系统引入了不同的生长参数以控制各器官的形态变化。

（2）单株可视化模块。包括静态可视化和动态生长可视化。静态可视化应用大量测定数据建立植物或器官的几何模型，以静态方式展示阿尔泰金莲花的形态模型；动态生长可视化则通过提取阿尔泰金莲花的生长规则来建立模型，能够动态描述阿尔泰金莲花形态结构的生长规律。

（3）模型操作模块。包括模型载入和模型导出。系统能够载入当前大部分模型文件格式，同时也可以导出当前选定模型，导出后的模型能够很好地兼容其他建模软件。

（4）数据存储模块。使用数据库存储各种数据，包括阿尔泰金莲花各器官的形态参数、初始化参数和文法规则等。还可以对各器官模型进行存储，每个模型由顶点、三角形索引、法向量和纹理坐标等信息组成。将这些信息导出到文本文件后，再存储到数据库中。

（5）用户交互模块。系统通过键盘输入修改各种参数，如文法规则、叶片大小、旋转角度和植株高度等，实现与用户的交互。同时，用户还可以通过鼠标移动视角，以达到全方位观测植物结构形态的效果。

5. 数据库设计

本系统使用数据库管理系统为 MySQL，根据系统分析以及系统功能模块设计，共建立四张基本数据表：文法规则表（tb_

lsystem)、茎基础数据表（tb_stem）、叶片基础数据表（tb_leaf）、花朵基础数据表（tb_flower）。

（1）文法规则表tb_lsystem。主要用于存储虚拟植物建模方法L系统相关参数，包括公理、文法规则（多个文法规则以分号为分隔符）、迭代次数、旋转角度等，具体表结构如表4-3-1所示。

表4-3-1 文法规则数据表结构

字段名称	数据类型	字段长度	是否主键	字段描述
ls_id	int	10	是	文法编号
premise	varchar	20	否	公理
rule	varchar	100	否	文法规则
step_size	int	10	否	迭代次数
step_size_scale	float	4	否	步长缩放比例
angle	float	20	否	旋转角度
angle_scale	float	8	否	角度缩放比例
start_position	varchar	20	否	起始坐标

（2）茎基础数据表tb_stem。主要用于存储植物茎高度、粗度、缩放比例、三维模型信息等。其中，缩放比例的引入是为了满足植物茎在生长过程中根部比顶部较粗的自然规律，而三维模型信息是为了方便三维模型在系统中的导入导出。具体表结构如表4-3-2所示。

表4-3-2 茎基础数据表结构

字段名称	数据类型	字段长度	是否主键	字段描述
stem_id	int	10	是	编号
length	float	20	否	高度
radius	float	10	否	横截面半径
stem_scale	float	4	否	缩放比例
info_3d	varchar	200	否	三维模型信息

（3）叶片基础数据表 tb_leaf。主要用于存储植物叶片缩放比例、与茎间夹角、三维模型信息等。其中，缩放比例是为了体现植物在生长过程中叶片的动态变化，具体表结构如表4-3-3所示。

表4-3-3 叶片基础数据表结构

字段名称	数据类型	字段长度	是否主键	字段描述
leaf_id	int	10	是	叶片编号
leaf_angle	float	10	否	与茎间夹角
leaf_scale	float	4	否	缩放比例
info_3d	varchar	200	否	三维模型信息

（4）花朵基础数据表 tb_flower。主要用于存储植物花朵的相关参数，包括花萼和花瓣的个数、初始坐标、旋转增量等。这些参数用于花朵的生成，通过对单个花瓣与花萼的复制，并旋转到相应的坐标位置，最终得到完整的植物花朵几何模型，具体表结构如表4-3-4所示。

表4-3-4 花朵基础数据表结构

字段名称	数据类型	字段长度	是否主键	字段描述
flower_id	int	10	是	编号
sepal_num	int	10	否	花萼个数
sepal_position	varchar	20	否	花萼初始坐标
sepal_angle	varchar	20	否	花萼旋转增量
petal_num	int	10	否	花瓣个数
petal_position	varchar	20	否	花瓣初始坐标
petal_angle	varchar	20	否	花瓣旋转增量
info_3d	varchar	200	否	三维模型信息

（二）可视化软件的实现

系统主界面分为两个主要功能区域：参数控制区和视图显示

区。如图4-3-5所示，主界面的左侧为三维展示区域，用户可以通过鼠标操作自由调整视角：使用鼠标左键移动视角，中键和右键缩放视角，从而实现对阿尔泰金莲花各个器官的全方位观测。主界面的右侧为参数设置区域，用户在此输入控制参数的初始值，并点击"重新生成"按钮，以生成阿尔泰金莲花的三维模型。同时，用户还可以通过调整控制参数值来改变阿尔泰金莲花的外部形态。生成后的三维模型可以通过"导出模型"按钮实现模型导出，以便用于其他类似系统。用户还可以根据需要调整两个功能区域的窗口大小，用鼠标点击窗口分割线进行左右拖动，调整到合适的位置。

图4-3-5 系统主界面

1. 器官的可视化模块

（1）茎的可视化实现。茎的可视化是描述植物几何模型的关键，具有支持其他器官（如花、果实、叶等）在一定空间内生长的作用。根据本章第一节中对阿尔泰金莲花茎形态结构和几何建模的分析，其茎节间的形状类似于圆柱体，因此可以利用圆柱体

来构建植物茎的几何模型。我们将模型参数中的长度变量设置为 th，粗度变量设置为 tr，以分别控制茎的生长和茎的增粗。为了满足植物在生长过程中根部比顶部粗的自然规律，设定缩放比例为 tc。利用 OpenGL 图形库提供的绘制函数来实现阿尔泰金莲花茎的几何模型。将阿尔泰金莲花茎的可视化模拟封装成一个 CStem 类，具体定义如下：

```
    class CStem {
private：
    float dx, dy, dz; //围绕三个坐标轴的偏转角度
    float th; //节间长度
    float tr; //横截面半径
    float tc; //缩放比例
public：

    Vector3d stem_ direction;
    Vector3d stem_ position;
//茎的方向向量
//茎的初始坐标

    void renderStem（Vector3d P, Vector3d Q）; //绘制茎节间
    void initParm（）; //初始系统参数
…
};
```

其中，renderStem（）函数主要用于绘制茎节间的圆柱体，参数 P 与 Q 分别表示圆柱体的起始三维坐标和终点三维坐标。要在 P 和 Q 两点之间绘制一个圆柱体，基本思路如下：首先，沿 Y 轴方向绘制一个等长的几何体；其次，通过旋转矩阵将该几何

第4章 新疆野生药用植物生长建模与可视化系统构建——以阿尔泰金莲花为例

体旋转到 PQ 向量的方向；最后，将其平移至 A 点。旋转矩阵的计算使用了向量的叉乘：首先计算 PQ 向量与 Y 轴单位向量的叉乘，以得到右手 $side$ 向量，再进行单位化处理。接着，将 $side$ 向量与 PQ 向量进行叉乘，计算出最终的 up 方向。

设置 $tr=10$，$th=50$，$tr=0.05$，$P=$（0，0，0），$Q=$（200，300，500），最后对生成的圆柱几何模型使用材质、纹理贴图、灯光等让模拟效果更加逼真。

（2）叶片的可视化实现。叶片的可视化与茎的可视化同样重要，其模拟效果的好坏直接影响整个植株的模拟效果。根据本章第一节关于阿尔泰金莲花叶片形态结构的讨论，其形态结构较为复杂，边缘轮廓有棱角且比较尖锐，因此采用基于图像造型的方法来实现阿尔泰金莲花叶片的可视化。首先，对采集的原始图像进行简单的预处理，去除图片中的背景、噪声等干扰物。本研究采用数字图像处理方法——图像二值化。其原理是为图像中的像素点设定一个灰度阈值，当像素值大于或等于该阈值时，可判定为物体，用 255 表示，即白色；反之，当像素点判定为物体区域外时，灰度值用 0 表示，即黑色。经过二值化处理后，图像的数据量减小，目标轮廓得以凸显。然后，利用边缘提取技术对二值化后的图形进行轮廓提取，最后将提取后的轮廓进行 Delaunay 三角剖分，并经过填充、渲染等一系列操作后生成阿尔泰金莲花叶片的三维几何模型，如图 4-3-6 所示。

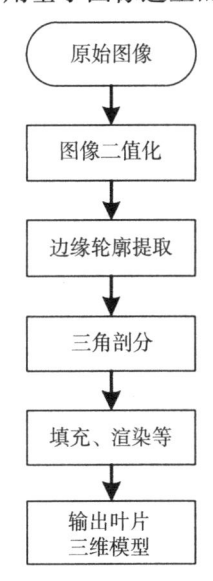

图 4-3-6 叶片可视化流程图

将阿尔泰金莲花叶片的可视化模拟封装成一个 CLeaf 类,具体定义如下:
class CLeaf {
private:
  float scale; //叶片的缩放比例
  float angle; //叶片与茎之间的夹角
public:
  Vector3d leaf_ direction; //叶片方向
  void renderLeaf (); //绘制叶片
  void initParm (); //初始系统参数
  …
};

其中,renderLeaf () 函数绘制叶片时,需要调用两个重要功能类 CEdge 和 CTri。CE-dge 类为边缘检测类,基本思想:对图像中每一个像素周围的 9 个像素点进行采样,采取索贝尔(Sobel)算子作为卷积核,通过采样点和 Sobel 算子进行卷积操作,获取图像的边缘轮廓。CEdge 类中索贝尔算子定义如下:

floatsobel_ x [9] = {1, 2, 1, 0, 0, 0, -1, -2, -1};
floatsobel_ y [9] = {1, 0, -1, 2, 0, -2, 1, 0, -1} CTri 类为三角剖分类,主要是将生成的边缘轮廓信息进行网格化,为构建更为复杂的三维叶片模型奠定基础。关于此类的具体实现过程,这里不再赘述。使用 OpenGL 相关函数对 Delaunay 三角剖分后的模型进行填充,最终实现三维叶片的可视化模拟。

(3) 花朵的可视化实现。阿尔泰金莲花的花朵可视化实现,关键在于对组成花朵的每一部分进行可视化处理。根据本章第一节对阿尔泰金莲花花朵的形态结构和几何模型的描述,阿尔泰金莲花

第4章 新疆野生药用植物生长建模与可视化系统构建——以阿尔泰金莲花为例

的花朵由花瓣、花萼、雄蕊和雌蕊组成。对单个花瓣和萼片采用双三次贝塞尔（Bezier）曲面构建；对花药和柱头，采用椭球参数方程变形的方法进行构建；对花丝和花柱，则运用柱体变形后的方法进行构建。完成每个部分后，根据阿尔泰金莲花花朵的拓扑结构进行组合，从而完成整个花朵的构建。在经过填充、渲染等一系列操作后，最终生成阿尔泰金莲花花朵的三维几何模型，如图4-3-7所示。

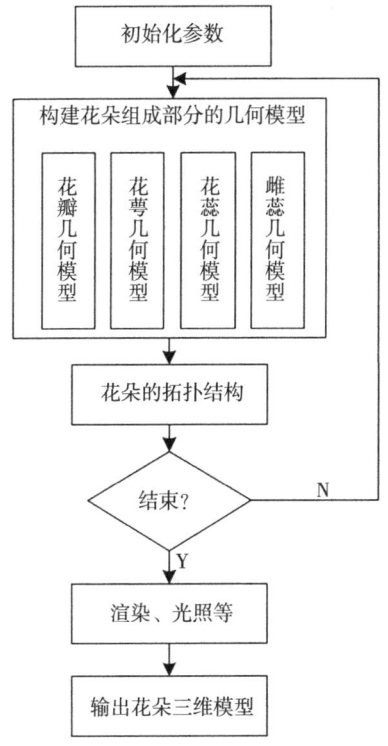

图 4-3-7　花朵可视化流程图

将阿尔泰金莲花花朵的可视化模拟封装成一个 CFlower 类，具体定义如下：

```
class CFlower {
private:

public:
    GLuint sepal_num;//花萼个数
    GLuint petal_num;//花瓣个数
    struct BEZIER_PATCH //贝塞尔曲面结构体
      {
        Vector3d anchors [4][4];//控制点坐标
        GLuint dlBPatch;//储存显示列表地址
        GLuint texture;//储存绘制的纹理
      } m_Mybezier;

    Vector3d flower_direction;//花朵方向
    Vector3d sepal_position;//花萼坐标
    Vector3d sepal_rotation;//花萼旋转增量
    Vector3d petal_position;//花瓣坐标
    Vector3d petal_rotation;//花瓣旋转增量

    void renderFlower ();//绘制花朵
    void initParm ();//初始系统参数
    void beizer ();//双三次贝塞尔曲面
    void cylinder ();//圆柱体变形
    void equation ();//椭圆参数方程
};
```

其中，beizer () 函数的主要功能是使用双三次贝塞尔曲面方法绘制单个花瓣和萼片，绘制时需要 16 个控制点，因此贝塞尔曲面结构体 BEZIER_ PATCH 中 anchors 设置为 4×4 数组，本章第一节已经给出了单个花萼和花瓣的双三次贝塞尔曲面的 4×4 个控制点的几何矩阵，这里不再赘述。Cylinder 函数主要用于构建花丝和花柱，绘制时调用 gluCylinder 函数绘制圆柱体来模拟花丝和花柱。equation 函数主要用于构建花药和柱头。绘制时设置椭圆参数方程的干扰函数为公式（4-1-9）。

2. 单株的可视化模块

根据本章第二节所描述的阿尔泰金莲花的可视化建模方法以及相关植物学知识，利用参数 L 系统描述阿尔泰金莲花的拓扑结构。同时，结合第 2 章中构建的植物茎、叶和花朵的三维几何模型，可以动态显示阿尔泰金莲花的生长过程。通过 L 系统文法规则，可以控制各器官的生长位置和大小，如图 4-3-8 所示。

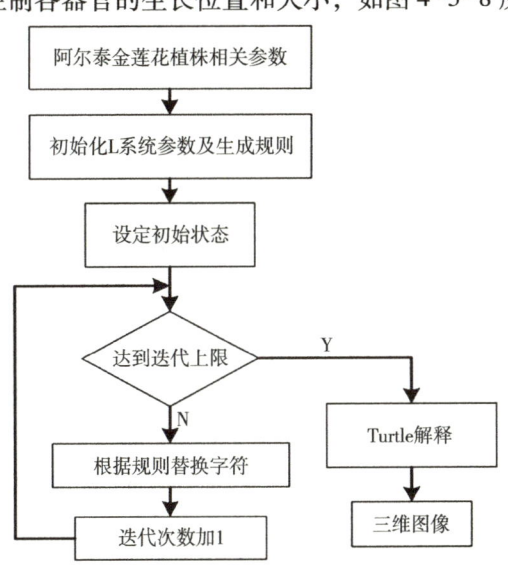

图 4-3-8　阿尔泰金莲花三维可视化流程

在实现阿尔泰金莲花植株动态生长可视化的过程中,将阿尔泰金莲花植株动态生长部分封装为一个 CPlant 类,具体定义如下:

class CPlant {
public：
  void showStem ();//绘制茎
  void showLeaf ();//绘制叶片
  void showFlower ();//绘制花朵
  void showPlant ();//绘制整个植株
  void initParm ();//初始化系统参数
  …
};

其中,showPlant () 函数主要利用参数 L 系统将各部分器官组合在一起,完成整个植株的绘制。参数 L 系统的使用需要定义两个关键类:文法分析器类 CGrammar 和分形系统类 CFractalSystem。

文法分析器类 CGrammar 是对本文第三节所提出的 L 系统理论的具体实现。其基本思想是根据给出的构造重写规则和初始字符,利用 L 系统理论进行迭代,最终使用 STL 下的 Tuple 来保存所有产生式。Tuple 内部可以存放任意类型的变量(类似于结构体),表示为 vector generations。由于简单 L 系统的特性,所生成的图形非常规则,无法表现出植物生长的随机性。为了使得模拟的植物更加自然和真实,程序中引入了参数化的随机 L 系统,以进一步提高随机性。

分形系统类 CFractalSystem 的主要功能是为 L 系统所有产生式的每个字母赋予特定的图形解释,最终模拟出植物的几何图形。为实现这一功能，首先，定义一个结构体 turtleState，该结构体中包含两个向量 Vector3d pos 和 Vector3d dir，分别表示乌龟当前所处的空间坐标和乌龟的朝向。其次，循环读取 L 系统所有产生式的每个字符，根据赋予字符的含义改变 turtleState 结构体中乌龟的状态并保存。最后，依次读取所有 turtleState 结构体，并根据每个结构体中的乌龟状态，使用 OpenGL 图形库进行绘制，从而重建阿尔泰金莲花植株的三维几何模型。为实现植物生长过程中茎的弯曲效果，在相邻枝干交点处引入 B 样条曲线。图 4-3-9 为阿尔泰金莲花动态生长可视化效果图。

图 4-3-9　阿尔泰金莲花动态生长可视化效果图

3. 导入导出功能

使用 Assimp 开源模型加载库来实现软件的模型操作。Assimp 库可以加载多种不同格式的模型文件。载入后，这些模型文件会被 Assimp 库转换为统一的数据结构。经过相应处理后，这些数据将被转换为 OpenGL 可读取的数据（如 VBO、EBO、纹理数据等),才能使用 OpenGL 进行渲染,并最终显示出来,如图 4-3-10 所示。

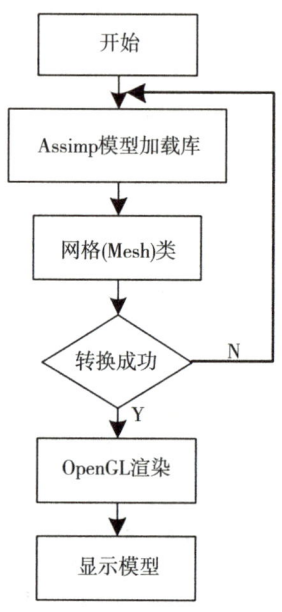

图 4-3-10　Assimp 载入模型流程

网格(Mesh)类中每个 Mesh 代表一个绘制的最小实体,每个网格(Mesh)都由顶点属性数据、索引和材质数据组成。顶点中至少包含一个位置向量、法线向量和纹理坐标向量。定义网格 Mesh 结构如下:

class Mesh {
public:
　　vector <Vertex> vertices; //顶点
　　vector <GLuint> indices; //法线向量
　　vector <Texture> textures; //纹理数据

第4章 新疆野生药用植物生长建模与可视化系统构建——以阿尔泰金莲花为例

　　Mesh（）；//构造函数

　　void Draw（）；

private：

　　void setupMesh（）；//初始化

　　…

};

Model 则是包含一个或者多个 Mesh 对象的类，它通过 loadModel 函数传入模型文件的路径来加载模型文件，加载之后会检验场景和场景的根节点是否为空。处理部分 Assimp 导入的常规动作都被定义为私有方法。Model 结构具体定义如下：

class Model {

public：

　　void Draw（）；

private：

//模型数据

　　vector <Mesh> meshes；

//私有成员函数

　　void loadModel（string path）；

　　void processNode（aiNode * node, const aiScene * scene）；//处理节点

　　Mesh processMesh（aiMesh * mesh, const aiScene * scene）；//处理网格

　　…

};

Assimp 开源模型加载库还提供了三维几何模型导出功能，能够导出多种类型的模型文件，如 DAE、STL、3DPDF 等。然而，对于可扩展的程序而言，Assimp 提供的几种输出格式往往无法满足实际需求，因此重写是必要的。经过综合考虑，本研究仅导出比较常见的 OBJ 类型的模型文件。OBJ 文件是一种以行为单位表示一条数据的文本文件，能够根据每行开头的字符判断后续的内容。该文本中包含顶点数据、法线、纹理坐标、开始图元、顶点索引、纹理索引、法线索引等信息。根据 OBJ 文件的格式，将需要导出的模型的顶点、索引和材质属性转化为固定格式流，并写入文件，以生成 OBJ 模型文件。图 4-3-11 展示了阿尔泰金莲花花序的部分 OBJ 模型文件格式。

```
mtllib test.mtl
g default
v -2.379604 0.112865 0.092609
v -3.941598 1.095326 0.141379
v -2.088871 0.732820 1.235676
v -2.610982 0.192459 -0.002229
v -2.469369 0.123787 0.067397
v -3.032125 0.271434 0.202248
v -2.772926 0.187283 0.072934
v -2.587045 0.143646 0.083737
v -2.726569 0.176729 0.154259
v -2.665995 0.160013 0.110251
v -2.919813 0.228969 0.121221
v -2.686390 0.165427 0.078271
v -2.801698 0.194340 0.116529
```

图 4-3-11 阿尔泰金莲花花序部分 OBJ 模型文件格式

4. 真实感处理

真实感图形绘制是在计算机上生成具有质感、层次感、深度感及真实感的图形。它是一门复杂的学科,涉及众多学科知识,包括数学、物理学、材料学、计算机图形学以及其他科学知识[14]。本研究对阿尔泰金莲花的光照系统、颜色及纹理映射等进行了研究,以提高显示效果,使生成的三维模型更加逼真。

(1) 光照和材质处理。光照处理是绘制具有高度真实感的三维物体的关键。没有光照的三维物体模型在视觉上与二维物体差别不大,缺乏三维物体特有的立体感。只有加入光照的物体才会呈现出立体感和层次感,成为真正意义上的三维物体。OpenGL在处理光照时将光照系统分为三部分:光源、材质和光照模型[15-16]。这三部分中的每个部分都有自己的属性,而这些属性可以用极少的几个函数来设置。OpenGL支持同时开启多个光源,但过多的光源会导致程序运行效率降低。为了在场景中模拟阿尔泰金莲花所需的光源,OpenGL主要执行如下步骤。

①创建和选择光源,并指定光源位置:调用glLightfv函数来设置场景光源,光源创建完成之后,同样调用glLightfv函数来确定光源位置,使用GL_POSITION作为第二个参数的值,定义光源位置坐标。

②指定法线向量:调用glNormal函数来指定法线向量。OpenGL指定法向量的方式与指定颜色的方式类似,只需要指定每个顶点的法向量,OpenGL会自动计算其他点的法线向量。

③指定材质:材质定义了三维模型对环境光、漫反射光、镜面光的反射(吸收)能力。通过调用glMaterialfv函数来设置阿尔泰金莲花各器官的材质属性。

④创建和选择光照模型:调用glLightModelfv函数来创建光照模型。

(2) 纹理映射。纹理映射（Texture Mapping）也叫纹理贴图，是一种用于在计算机生成的图形或 3D 模型上定义高频细节、表面纹理或颜色信息的方法。纹理映射采用多通道渲染和复杂映射技术，如高度映射、凹凸贴图、位移贴图、反射贴图、镜面贴图、法线贴图等，使它能够极大地减少构建真实和实用的 3D 场景所需的多边形和光照计算的数量，可以实时模拟出近似照片的真实感[17-19]。

因此，为了绘制出具有高度真实感的阿尔泰金莲花各器官图形，除了进行光照和材质处理之外，还需要进行纹理映射。在 OpenGL 图形库中提供了一系列纹理操作函数，可以实现纹理映射，具体绘制纹理步骤如下：

①启用纹理：调用 OpenGL 提供的 glEnable 和 glDisable 函数来开启或关闭二维纹理功能，默认情况下纹理处于关闭状态。

②读取纹理到内存：OpenGL 能够保存多个纹理到内存中，从而减少再次加载时的运算量。为了兼容其他低版本的 OpenGL，加入图像长度和宽度检测判断。

③分配纹理编号并设置相关属性：调用 glGenTextures 函数来分配纹理编号，分配完成之后调用 glTexParameteri 函数来设置纹理参数。

④纹理显示：纹理显示需要为每一个顶点指定在纹理图像中所对应的位置。调用 glTexCoord2f 和 glVertex3f 函数来指定三维模型的纹理坐标和对应顶点。

通过上述方法构建出植株各器官几何模型后，再经过光照和材质、纹理映射等真实感处理，阿尔泰金莲花的茎、叶片、花朵的最终三维可视化模型效果如图 4-3-12 所示。

第4章 新疆野生药用植物生长建模与可视化系统构建——以阿尔泰金莲花为例

图4-3-12 阿尔泰金莲花各器官三维可视化模型渲染效果

四、总结与展望

（一）总结

本章以新疆野生药用植物阿尔泰金莲花为例，采集并分析了其形态结构和动态生长的实验数据。在前人研究的基础上，提出了构建阿尔泰金莲花各器官的几何模型和拓扑结构的方法，并基于OpenGL图形库技术在Qt平台上研发了交互性良好的阿尔泰金莲花可视化软件，实现了阿尔泰金莲花植株的生长建模和可视化展示。主要研究工作如下：

（1）深入分析了典型的虚拟植物各器官的建模方法，包括图像造型、自由曲线曲面和椭圆参数方法变形。在实验数据的基础上，提取了阿尔泰金莲花各器官的形态特征参数，并根据各器官的形态特征进行了分类。采用不同的建模方法分别建立了各器官的几何模型，具体包括基于圆柱体变形构建植物茎的几何模型、基于图像造型构建植物叶的几何模型，以及基于双三次贝塞尔曲

面和椭圆参数方程变形构建植物花朵的几何模型。

（2）分析了虚拟植物建模方法中的 L 系统理论，包括简单 L 系统、随机 L 系统、上下文相关 L 系统以及 L 系统的图形解释。利用参数 L 系统表现了阿尔泰金莲花植株的拓扑结构。L 系统本质上是一个字符串重写系统，通过不断的迭代重写来描述植物的动态生长。将植物生理发育的三个阶段（种子萌发、营养生长、生殖生长）与 L 系统的迭代次数建立了对应关系。然后根据文法规则，将植物的茎、叶片、花朵等器官组合在一起，从而实现了阿尔泰金莲花植株的动态生长过程模拟。

（3）根据所构建的阿尔泰金莲花各器官形态结构模型，基于参数 L 系统、植物生理生态学以及计算机图形学，以 Qt4.8 为平台，使用 OpenGL 作为图形库并结合 MySQL 数据库，研发出了阿尔泰金莲花可视化软件。该软件拥有良好的用户交互界面，用户可以在视图窗口中进行平移、旋转、缩放等操作。同时，该软件还具有良好的兼容性，实现了模型的导入和导出功能。为了绘制出高度真实感的阿尔泰金莲花植株，在建立其几何模型后，采用光照系统、纹理映射以及颜色渲染等技术进行了真实感处理。

（二）展望

在对阿尔泰金莲花可视化建模的方法研究过程中，由于时间以及其他条件的限制，本研究仍存在许多不足之处，需要进一步完善。

（1）阿尔泰金莲花的主要入药部位是花朵，因此本系统只针对植株地上部分（茎、叶片、花朵等）进行可视化模拟。众所周知，根系在植物的整个生命周期中起着不可或缺的作用，因此可以在今后的研究中加入地下部分的可视化模拟，以建立完整的植株模型，从而更加真实地模拟植物的动态生长过程。

（2）本研究提出的阿尔泰金莲花的形态模型是在理想条件下构建的，未考虑内外因素的影响。植物的良好生长发育受到内在因素（如生长素、营养、基因等）和外在因素（如温度、水分、酸碱度、二氧化碳、微生物、矿物质等）的共同影响。因此，下一步考虑将这些内外因素引入模型中，以进一步完善阿尔泰金莲花的生长模型。

（3）本研究仅考虑了阿尔泰金莲花单个植株的可视化情况，忽略了植物群体结构对单个植株的影响。个体的发育状况受到群体的影响，而群体又由个体的数量和发育状况决定。二者相辅相成且相互影响。因此，在未来的研究中考虑对阿尔泰金莲花植株群落进行模拟。

随着3D可视化技术和3D建模技术的不断进步，虚拟植物建模已经从简单的形态仿真发展到了能够准确反映植物内部结构及其生长动态的新阶段。

（4）利用激光雷达（LiDAR）或CT扫描仪获取植物体内外部的精细结构信息，为建立更加真实的植物模型提供了可能。这一先进技术允许在微观层面上捕捉阿尔泰金莲花的形态特征，从而极大地提升了模型的真实性和准确性。在本研究通过高分辨率扫描获得阿尔泰金莲花的茎、叶、花等器官的精确尺寸和表面纹理，这些数据被用于优化基于图像造型的器官建模方法，确保生成的三维模型能够逼真地反映实际植物的外观。此外，CT扫描还可以揭示内部结构，如根系分布或木质部构造，这对于理解植物的生理功能至关重要，并为进一步的研究提供了宝贵的资料。

（5）人工智能（AI）算法可以用来改进三维扫描的数据处理流程，提高重建精度；深度学习模型可以用于自动识别和生成物

体形状。本研究涉及的三维建模步骤,包括边缘检测、三角剖分等,均基于传统图像处理技术和数学算法实现。尽管这种方法已经取得了一定的效果,但在面对复杂多变的自然环境时仍存在局限性。近年来,人工智能,尤其是机器学习和深度学习的发展,为优化这一过程带来了新的机遇。利用 AI 算法,特别是卷积神经网络(CNN),可以在多个层面提升三维扫描数据的处理效率和质量。首先,在预处理阶段,AI 可以帮助去除噪声、填补缺失部分并增强图像对比度,从而使后续分析更加可靠。其次,针对特定任务,如边缘提取或特征点定位,训练好的深度学习模型能够自动完成,不仅速度快而且准确性高。更重要的是,借助迁移学习的能力,即使在小样本情况下也能快速适应新物种或新场景。此外,生成对抗网络(GANs)等深度学习框架还可以合成不存在但符合生物学规则的新形态,这为虚拟植物的设计提供了无限可能。例如,可以根据已有的阿尔泰金莲花样本,训练一个 GAN 模型来生成更多样化的个体,或预测未来某个时间点上的生长状态。这种能力对于探索植物多样性和模拟极端条件下植物表现等方面具有重要意义。

(6)通过物理引擎,可以模拟真实环境的影响,如风力和重力,使虚拟植物的表现更加自然。在构建阿尔泰金莲花的动态生长可视化系统时,虽然考虑了一些基本的生物力学因素,但为了使虚拟植物的表现更贴近现实,引入物理引擎是必不可少的。现代物理引擎支持广泛的交互作用,从简单的碰撞检测到复杂的流体动力学模拟都可以实现。特别是在模拟自然界的风力和重力等外力作用下,植物如何响应这些力量的变化,物理引擎能够提供非常逼真的答案。对于阿尔泰金莲花而言,物理引擎可以模拟风吹过时叶子的摆动、枝条的弯曲变形等现象;还可以研究土壤湿度对根系发展的影响，甚至模拟季节变换导致的叶片颜色变化。所有这些将极大丰富虚拟植物的行为模式，使其不仅仅停留在静态展示层面，而是成为一个活生生的"数字生命"。

参考文献

[1] 严涛，陈彦云，吴恩华．一种基于单幅图像的树木深度估计与造型方法［J］．计算机学报，2000，23（04）：386-392.

[2] 严涛，吴恩华．基于多幅图像的树木造型方法［J］．系统仿真学报，2000，12（05）：565-571.

[3] 卡斯尔曼（Kenneth R. Cast leman）．数字图像处理［M］．北京：清华大学出版社，1998：30-50.

[4] Donald Hearn, M. Pauline Baker. 蔡士杰，吴春榕，孙正兴，译．计算机图形学，电子工业出版社，2002：11-30.

[5] 施法中．计算机辅助几何设计与非均匀有理 B 样条［M］．北京：高等教育出版社，2013：218-220.

[6] 陆玲，周书民．植物果实的几何造型及可视化研究［J］．系统仿真学报，2007，19（08）：1739-1741.

[7] 中国科学院中国植物志编辑委员会．中国植物志［M］．北京：科学出版社，1979，27：083.

[8] 曾文曲，王向阳．Fractal Theory and Its Computer Simulation［M］．沈阳：东北大学出版社，1993：34-40.

[9] Weber J, Penn J. Creation and rendering of realistic trees［J］. Computer Graphics Proceedings. Annual Conference Series. 1995, 143: 119-128.

[10] P. Prusinkiewicz, A. Lindenmayer. The Algorithmic Beauty of

Plants [M]. New York: Springe, Berlin Heidelberg, 1990: 120-130.

[11] 白燕斌, 史惠康. OpenGL 三维图形库编程指南 [M]. 机械工业出版社, 1998: 30-40.

[12] 向世明. OpenGL 编程与实例 [M]. 北京: 电子工业出版社, 1999: 23-50.

[13] 李军, 徐波译. OpenGL 编程指南（第 7 版）[M]. 北京: 机械工业出版社, 2009: 383-400.

[14] 秦襄培, 郑贤中. MATLAB 图像处理宝典 [M]. 北京: 电子工业出版社, 2011: 93-100.

[15] 李治国, 郭立. 基于 OpenGL 的光照处理技术及实现 [J]. 计算机仿真, 2008: 3.

[16] 金永斌, 刘苏. 基于 OpenGL 的光照模型及其 MFC 实现 [J]. 计算机与现代化, 200: 11.

[17] Hearn D, Baker M P. 计算机图形学 [M]. 北京: 电子工业出版社, 1998: 40-54.

[18] 李颖, 朱伯立. OpenGL 技术应用实例精粹 [M]. 北京: 国防工业出版社, 2001: 200-249.

[19] Toudeft Abd~ e, Ga Uinari Patrick. Neural and Iave On-terns [J]. IEEE Proceedings: Control theory and Applications, 1997, 144 (06): 531-536.

[20] GUINEA. Amedicinal plant database of Papua New Guinea [J]. Science. in-New, 1990, 16 (1): 31-35.

[21] PEAT H J. The Antarctic Plant Database: a specimen and literature based information system [J]. Taxon, 1998, 47 (1): 85-93.

[22] FERRIS H, Caswell-Chen E P, Westerdahl B B. (Developers). NEMABASE-a database of the host status of plant species to parasitic nematodes, 1997 (Disk set1. 2): 5 disks.

[23] PANGGA I C. Biodiversity Information Sharing System (BISS) on ASEAN plants database [M]. Los Banos. Laguna (Philippines). 2004: 50.

[24] 胡杨. 植物数字化检索系统初探 [D]. 呼和浩特: 内蒙古农业大学, 2010.

[25] 薛晓娟, 刘彩, 王益民, 等. 新时代中医药发展现状与思考 [J]. 中国工程科学, 2023, 25 (5): 11-20.

[26] 路红艳, 李伟, 赵欣胜, 等. 2021—2022年北京市丰台区典型自然保护地植物物种名录数据集 [J]. 中国科学数据 (中英文网络版), 2024, 9 (2): 375-382.

[27] 赵仲麟, 李燕, 苏同福, 等. 化学生物学课程实践性教学探索: 以药物化学 ChEMBL 数据库应用为例 [J]. 广东化工, 2024, 51 (15): 197-199.

[28] 王志勇, 方伟. 微机编制中文植物分类检索表的初步研究 [J]. 重庆师范学院学报 (自然科学版), 1991 (2): 64-72.

[29] 钱宏, 张健, 赵静超. 世界上已知维管植物有多少种? 基于多个全球植物数据库的整合 [J]. 生物多样性, 2022, 30 (7): 33-37.

[30] 高秀梅, 贺善安, 顾姻, 等. 南京中山植物园活植物信息管理子系统 [J]. 植物资源与环境, 1996, 5 (1): 43-47.

[31] 王康, 权键, 张佐双. 北京植物园植物信息数字化管理的初步实现 [J]. 中国园林, 2005, 21 (11): 76-78.

[32] 蒋方根. 开展遗产监测科学保护园林 [J]. 中国文物科学

研究,2010(1):83-84.

[33] 张晓军,师卫华,许士翔,等.城市园林绿化信息管理与辅助决策关键技术研究与应用[J].建设科技,2016(7):104-105.

[34] 师卫华,王新文,季珏,等.智能巡管养模式下的开封市智慧园林建设[J].园林,2019(5):62-67.

[35] 逯雨晴,王凯琳,李念奇,等.历史名园植物数字化管理与展示发展策略[J].林草政策研究,2024,4(2):69-76.

[36] 周青梅.自然教育活动案例探究:以南京中山植物园"自然物寻宝"为例[J].环境教育,2022(12):60-63.

[37] 徐崇志,李青,刘文杰,等.新疆植物信息资源数据库系统的研究[J].塔里木农垦大学学报,2003(1):14-16.

[38] 彭勇,梁少伟.国内医药信息数据库简介[J].中国中医药信息杂志,1999,6(1):73.

[39] 孙成忠,赵润怀,陈国岭,等.中国药材资源地图集网络化共享系统研究[J].中国现代中药,2009,11(9):5-6.

[40] 盛魁.基于.NET框架的中草药资源信息系统的构建[J].昆明学院学报,2012,35(3):83-85.

[41] 刘启新,褚晓芳,董晓宇,等.中国植物标本馆数字化发展的缩影:江苏省中国科学院植物研究所标本馆(NAS)[J].广西植物,2022,42(S1):71-86.

[42] 孙学刚,杨龙,孙翠青.甘肃省稀有濒危植物数据库及其信息管理系统研制[J].甘肃农业大学学报,2003(4):471-477.

[43] 岳建英.山西高等植物数据库信息系统的建立[D].太原:生物研究所,2001.

[44] 王果平,贾晓光,李晓瑾. 新疆药用植物标本数据库建设 [J]. 新疆中医药, 2010, 28 (2): 86-87.

[45] 张建逵,赵彦辉,尹海波,等. 东北地产药用植物数据库的建设与应用 [J]. 中国中医药现代远程教育, 2014, 12 (4): 125-126.

[46] 郭超峰,邓家刚,黄克南,等. 中泰常用药用植物数据库的构建分析与评价 [J]. 中医药信息, 2013, 30 (2): 59-60.

[47] 陈斯曼,刘婷. 基于多方安全计算的中药供应链的数字化研究 [J]. 网络安全技术与应用, 2024 (9): 133-135.

[48] 娜仁花. 新疆典型药用植物资源信息查询平台研建 [D]. 乌鲁木齐:新疆大学, 2014.

[49] 田聪,谢丽琼,李冠. 珍稀药用植物新疆阿魏种子萌发特性研究 [J]. 2008, 27 (5): 88-90.

[50] 王庆朋,代先兴,杨纯,等. 新疆托木尔峰国家级自然保护区野生药用植物资源调查 [J]. 中国野生植物资源, 2024, 43 (9): 110-114, 130.

[51] 葛斌杰,严靖,杜诚,等. 世界与中国植物标本馆概况简介 [J]. 植物科学学报, 2020, 38 (2): 288-292.

[52] 姜承勇,余卫星,杨婷,等. 基于中国馆藏标本数据分析全国植物标本采集现状及采集趋势预测 [J]. 科研信息化技术与应用, 2018, 9 (5): 94-101.

[53] 刘晓娟,田青,孙学刚. 基于WEB的树木标本馆数字化平台建设 [J]. 高校实验室工作研究, 2014 (1): 52-54.

[54] 林祁,杨志荣,包伯坚,等. 植物模式标本的考证与数字化:以中国国家植物标本馆为例 [J]. 研信息化技术与应用, 2017, 8 (4): 63-76.

第5章
新疆地区野生药用植物适生区研究

一、研究背景

适生区是指某种生物在特定环境条件下能够正常生长和繁殖的区域。对于药用植物而言,确定其适生区不仅有助于揭示其生长规律和分布特征,还能为制定科学的保护策略提供重要依据。通过深入了解不同药用植物对气候、土壤、地形等环境因素的适应性,可以更准确地预测其潜在的分布范围,为人工引种和栽培提供科学指导。这不仅能够保护珍稀药用植物资源,实现其可持续利用,还能推动中药材产业的健康发展,促进当地经济的多元化和可持续发展。

新疆地区地形复杂多变,气候类型多样,给实地调查和样本采集带来了极大的挑战。同时,药用植物的生长周期较长,且受多种环境因素的影响,其适生区的确定需要长期观测和大量数据的积累[1]。为了克服这些困难,本研究采用科学合理的方法,结合生态学、地理学、植物学、气候学以及遥感技术等手段,对新疆地区野生药用植物的适生区进行全面、深入的研究。

通过生态位模型的分析和预测能力,能够更高效地揭示不同药用植物的生长需求和分布特征,并建立其适生区的预测模型。这将为制定科学的保护策略和实现其可持续利用提供有力支持[2]。

同时，本研究重点关注新疆地区野生药用植物资源的保护和可持续利用问题，不仅有助于推动中药材产业的健康发展，促进当地经济的多元化和可持续发展，也为生态环境的保护和恢复作出积极贡献。

综上所述，通过引入计算机技术来分析和预测新疆地区野生药用植物的适生区，不仅具有重要的科学价值，还具有深远的社会和经济意义[3]。通过这一研究，可以更好地了解这些珍稀资源的分布和生长规律，为制定科学的保护策略和实现其可持续利用提供有力支持。同时，也将为推动中医药产业的健康发展，促进当地经济的多元化和可持续发展以及保护和恢复生态环境作出积极贡献。

二、国内外研究现状

（一）国内外适生区研究现状

通过分析我国在野生药材适生区研究领域的论文发表情况，可以发现该领域研究仍存在诸多不足。因此，加强对国内野生药用植物适宜生长区域的研究显得尤为重要。新疆地区因其复杂的地形和多样的气候类型，为药用植物适生区的预测工作带来了挑战。为了精确、全面地预测药用植物的适生区，有必要引入先进的计算机模型技术。这一技术的应用应结合多元数据源和生态学原理，以应对新疆地区的特殊环境。在国内，药用植物资源保护的研究重点主要集中在建立保护区和规划可持续利用策略上。相比之下，国外在药用植物资源的调查与保护方面起步较早，重视

程度也更高。在生物多样性丰富的国家，如印度和巴西，已广泛开展了药用植物资源的普查工作，并在此基础上建立了详尽的资源数据库。这些研究不仅关注药用植物的分类与分布，还深入分析了其生态学特性，尤其重视珍稀濒危药用植物的保护工作。

在药用植物适生区的研究领域，国外学者也走在了前列。他们较早地采用了生态位模型（Ecological Niche Model，ENM）（如MaxEnt模型）进行适生区的预测分析。随着机器学习和大数据技术的飞速发展，这些研究逐渐转向基于气候变化的适生区动态预测。在美国和欧洲的一些地区，学者们结合气候模型（如IPCC气候情景预测）来探究药用植物分布的未来变化趋势，为植物资源的管理提供了有力的科学依据。

尽管国内外在药用植物资源保护及适生区研究方面已取得了一定进展，但仍面临诸多挑战与研究空白。目前，针对药用植物适生区的研究大多局限于静态分析，较少涉及动态预测和时空变化。适生区研究的准确性高度依赖于丰富的植物分布和环境因子数据，然而在偏远、地广人稀的地区，数据采集工作尤为困难，这无疑限制了研究结果的精确性。此外，尽管遥感技术和人工智能等先进技术在大规模数据分析方面展现出巨大潜力，但在药用植物分布分析领域的应用仍处于起步阶段。更为关键的是，当前的研究往往侧重于单一的保护或利用视角，缺乏对生态保护与资源利用平衡的深入探讨。特别是在如何通过合理开发来促进资源保护方面，尚缺乏系统性的研究。

（二）计算机模型的研究现状

在预测生物潜在适生地的研究领域中，数字模型的应用日益广泛，已成为科学判断物种实际生长环境需求及保护濒危物种生物多样性的重要工具。其中，生态位模型凭借其强大的预测能力，在生物多样性保护、外来物种管理、气候变化影响评估以及农业与林业应用等多个领域发挥着关键作用。

ENM 是一种利用物种分布数据和环境变量，预测物种生态位特征及其潜在分布的工具，广泛应用于生物多样性保护、入侵物种管理、气候变化影响评估等领域。随着计算能力和数据获取手段的提升，生态位模型的理论发展和实际应用取得了显著进展。

1. 生态位模型的理论发展

生态位模型基于生态位理论，是生态学、生物地理学和进化生物学等领域的重要研究工具。该理论起源于 20 世纪初，后经各国学者不断发展完善，最终形成了一个包含物种在生态系统中的位置、资源利用以及环境相互作用等要素在内的完整理论框架[4]。生态位模型结合数理统计和机器学习方法，通过分析物种已知分布点及其相关环境数据，构建特征函数来表征物种的生态位，从而预测物种的时空分布格局及其对环境变化的响应。

2. 常用的生态位模型

（1）统计模型。如逻辑回归（Logistic Regression）和广义线性模型（Generalized Linear Model，GLM），在数据分析中扮演着重要角色。逻辑回归作为一种简单高效的分类算法，特别适用于处理二分类问题。该模型不仅易于理解和解释，而且在大规模数据集上也表现出良好的扩展性。然而，逻辑回归模型假设特征之间存在线性关系，在处理非线性问题时性能有限。广义线性模型是线性模型的扩展，允许因变量遵循非正态分布（如二项式分布、泊松分布等），具有较高的灵活性和广泛的适用性。尽管如此，在面对复杂的非线性关系或数据分布时，GLM 可能无法提供足够的拟合度[5]。

（2）机器学习模型。包括随机森林（Random Forest，RF）和支持向量机（Support Vector Machine，SVM）等。随机森林具有较高的准确性和稳定性，特别适合处理高维数据和大规模数据集。该模型通过随机抽样和特征选择降低过拟合风险，同时能够评估特征重要性，并对噪声和异常值具有较强的鲁棒性。然而，随机森林的模型结构较为复杂，不易直观展示和解释，且需要较多的计算资源和时间。此外，在处理不平衡数据集时，随机森林可能偏向多数类[6]。支持向量机是一种强大的分类算法，通过寻找最优超平面来实现不同类别数据点的分离。其主要优点在于高维空间中的优异表现，且能够通过核函数解决非线性分类问题。但支持向量机对参数和核函数的选择较为敏感，需要通过经验或交叉验证进行确定。同时，在处理大规模数据集时，支持向量机的训练时间和计算成本可能较高[7]。

（3）过程模型。如 MaxEnt、BIOCLIM 和 CLIMEX，主要模拟物种分布与气候条件的直接关系。最大熵模型（MaxEnt）对数据要求较低，仅需物种分布数据和环境因子数据即可进行预测。该模型能够处理非线性关系的环境因素，具有较强的预测能力，且输出结果为概率分布，可用于物种保护和管理的决策制定。然而，MaxEnt 模型在某些情况下可能受到数据质量和数量的限制，从而影响预测结果的准确性。BIOCLIM 模型则侧重于根据气候条件预测物种分布，其优点是简单直观，易于理解和应用。但该模型忽略了物种间的相互作用和生态位分化，可能导致预测结果不准确[8]。CLIMEX 模型基于物种对环境因子的生态响应函数来预测物种分布，不仅能够反映物种对环境因子的生态适应性，还可用于研究气候变化对物种分布的影响和生态系统稳定性的评估。

然而，其模型参数的设置和校准可能较为复杂，需要一定的生态学知识和经验[9]。

（4）混合模型。通过将统计模型与过程模型相结合，显著提升了模型的预测能力。例如，广义线性混合模型（Generalized Linear Mixed Models，GLMM）结合了广义线性模型的灵活性和混合模型中随机效应的处理能力。这类模型能够有效处理具有空间或时间相关性的数据、多层级数据结构，并能够评估环境因素、基因型及其交互作用对生物响应的影响。然而，对于更复杂的GLMM来说，模型拟合变得较为困难，统计推断（如假设检验）也更加棘手。此外，还有将统计模型（如逻辑回归、GLM）与过程模型（如BIOCLIM、CLIMEX）相结合的模型，以充分利用各自的优点。

（5）大模型。主要指具有大规模参数和计算能力的机器学习模型。这类模型通常基于深度神经网络构建，拥有数十亿甚至数千亿个参数。通过输入大量语料进行训练，这些模型使计算机获得类似人类的认知能力，能够理解文本、图像、语音等内容，并具备文本生成、图像生成、推理问答、科学预测等功能。目前，大模型技术已趋于成熟，特定模型如GeoLLM（一种与地理空间数据相关的大型语言模型）可用于适生区的总结和预测。

3. 生态位模型的主要应用

生物多样性保护领域通过预测濒危物种的潜在适生区，为保护区规划提供科学依据。例如，MaxEnt模型被广泛应用于珍稀动植物栖息地的保护研究。在外来物种入侵管理中，通过分析入侵物种的潜在分布范围，评估其对生态系统的威胁程度。以支持向量机（SVM）为例，该方法被用于预测入侵植物物种（如日本鬼针草）的扩散范围。在气候变化影响评估方面，通过模拟物种分布在不同气候情景下的变化趋势，为未来保护策略的制定提供科学依据。例如，研究预测了气候变暖对北极苔原植物适生区的缩减影响。在农业与林业应用中，相关模型被用于评估经济作物（如茶树、橄榄树）或林木（如桦树、杉木）的最佳种植区域。

三、环境变量数据

（一）数据来源

查阅《中国植物志》和中国数字植物标本馆（http://www.cvh.org.cn/cms），选取新疆阿勒泰地区特有的药用植物阿勒泰金莲花作为研究对象。研究明确了阿尔泰金莲花的大致生长环境及分布区域，并于 2018—2019 年进行实地调查，共获得 12 个样本点，记录了经纬度、海拔和面积。这些数据总体反映了阿勒泰地区各种地形中金莲花的分布状况。采用 EXCEL 将分布点数据按物种名、分布点经纬度顺序导出，并转换为 .csv 格式文件[10]。

（二）数据描述

采用的环境数据含有 42 个环境因子，主要分为 3 类，分别是气候数据、地形数据和阿勒泰地区数据。气候数据主要包含与气温和降水相关的 39 个气候因子，其中 20 个根据中国气象数据网的阿勒泰 6 个气象站 1995—2018 年的逐日地面观测数据，经统计整理后利用 ANUSPLIN 插值软件处理后所得，包括年平均最低气温、年平均最高气温、年极端最低气温、年极端最高气温、0℃ 积温、日照时数、1—12 月降水量、日降水量≥0.1 毫米日数、平均相对湿度。同时增加了来源于世界气候数据库（WorldClim， http://www.worldeclim.org）空间分辨率为30″的19个生物气候因子。地形数据包含高程、坡度和坡向，高程数据从地理空间数据云（http://www.scloud.cn）获取，其分辨率为SRTMDEM_ 30m。阿勒泰地区数据来源于国家基础地理信息系统网站（http://nfgis.nsdi.gov.cn）1∶400万中国行政区划矢量地图[10]。

（三）数据预处理

数据预处理是指对原始数据进行处理和清洗，确保数据质量，以便在后续的分析和建模过程中获得更好的结果。在此之前，先导入所需的python库：

```
import pandas as pd
import numpy as np
import matplotlib.pyplot as plt
import seaborn as sns
from scipy.stats import zscore
from sklearn.preprocessing import MinMaxScaler
from sklearn.preprocessing import StandardScaler
import matplotlib as mpl
from mpl_toolkits.mplot3d import Axes3D
from scipy.stats import boxcox
from scipy.stats import yeojohnson
from matplotlib.colors import Normalize
from sklearn.preprocessing import OneHotEncoder
import geopandas as gpd
# matplotlib 不支持显示中文，显示中文需要一行代码设置字体
mpl.rcParams['font.family'] = 'SimHei'
```

plt.rcParams['axes.unicode_ minus'] = False #步骤二(解决坐标轴负数的负号显示问题)

1. 缺失值处理

在实际数据中,缺失值是一个常见的问题。缺失值的存在会影响模型的训练效果,因此需要对其进行处理[11]。缺失值的类型多种多样,比如′None′、′NA′、′NaN′、′-1′、′-9999′和′32766′等,这些不同的表示方式需要进行区分和处理。本研究数据缺失值以-9999呈现,表示当前数据超出经纬度范围或未检测到,使用以下的python指令可以得到各指标缺失值个数:

" " " 统计是否有缺失值" " "
print(data.isnull().sum())
print((data==-9999).sum())

各指标的缺失值个数如表5-3-1所示。数据集中共有676080行缺失值,包含缺失值的指标有"2010—2019年12月月平均最低温度""2010—2019年12月月平均最高温度"以及"2010—2019年12月月平均降水量"。

表5-3-1 数据缺失值个数

纬度	经度	2010—2019年12月月平均最低温度	2010—2019年12月月平均最高温度	2010—2019年12月月平均降水量
0	0	676080	676080	676080

对于类别特征,可以通过填充众数来处理缺失值,即用类别中最常出现的值来填充缺失值。另一种方法是生成一个新的类别,专门用于表示缺失值[12]。

对于数值特征,常用的填充方法包括填充均值、中位数、众数、最大值、最小值等。选择何种方法取决于数据的特性和分析的目标[11]。

对于有序数据,可以通过填充相邻值或者基于预测模型来填充缺失值,确保数据的有序性不受破坏[13]。

模型预测填充:通过构建一个预测模型来填充缺失值。例如,利用回归模型或其他机器学习方法预测缺失数据的值[14]。

本研究使用 MaxEnt 和 XGBoost 模型,缺失值对其影响较小,可以忽视,因此可以将数据中存在-9999 等异常数值直接转化为空值即可,代码如下所示:

" " " -9999 为缺失值,把数据中的-9999 换成 nan" " "
data. replace (-9999, np. nan, inplace=True)

2. 异常值处理

异常值是指在数据中与其他数据点显著不同的值,这些值可能是由于测量错误、录入错误或其他因素引起的。异常值可能会严重影响模型的性能,因此需要检测和处理[15]。

(1) 异常值检测方法[16]

①可视化方法:常用的可视化方法包括箱线图。通过箱线图可以直观地查看大于或小于四分位数范围的数据点,这些数据点通常被认为是异常值。检验代码如下所示:

" " " 箱线图" " "
rc = {'font. sans-serif': 'SimHei',
  'axes. unicode_ minus': False}
sns. set (style=" white", rc=rc)

#绘制包含异常值最多的前五个列的箱线图
import matplotlib. pyplot as plt
Import seaborn as sns

```
plt.figure（figsize=（12,8））
sns.boxplot（data=pd.DataFrame（data[data.columns[1:]],
columns=data.columns[1:]））
plt.yticks（fontsize=18）
plt.xticks（fontsize=18）
plt.show（）
```

本研究数据集的异常值如图5-3-1所示。

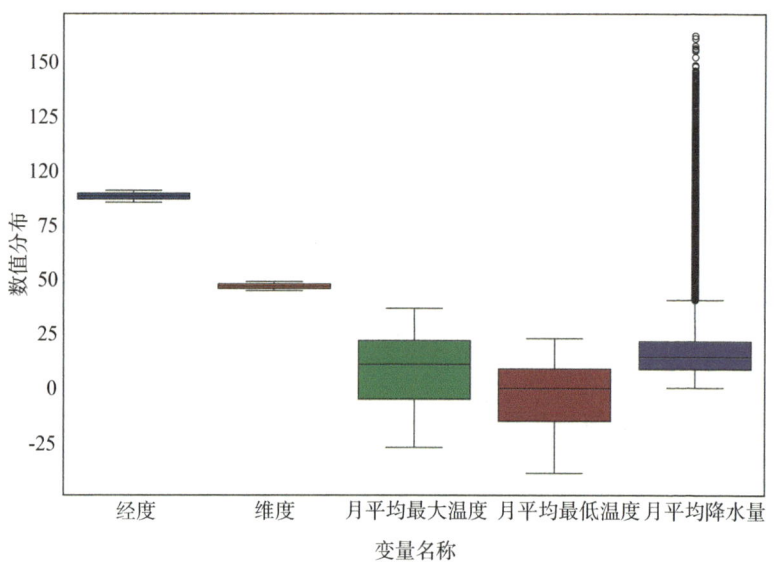

图5-3-1　各变量的箱线图

由于各数值的范围不同，难以辨别，因此使用区间缩放将各指标缩放到[0,1]范围内，代码如下所示：
```
"""箱线图"""
rc = {'font.sans-serif': 'SimHei',
      'axes.unicode_minus': False}
```

```
sns.set(style="white", rc=rc)
#初始化MinMaxScaler
scaler = MinMaxScaler()

#绘制包含异常值最多的前五个列的箱线图
plt.figure(figsize=(12,8))
sns.boxplot(data = pd.DataFrame(data[data.columns[1:]]
.apply(scaler), columns=data.columns[1:]))
plt.yticks(fontsize=18)
plt.xticks(fontsize=18)
plt.show()
```

最终的结果如图5-3-2所示。

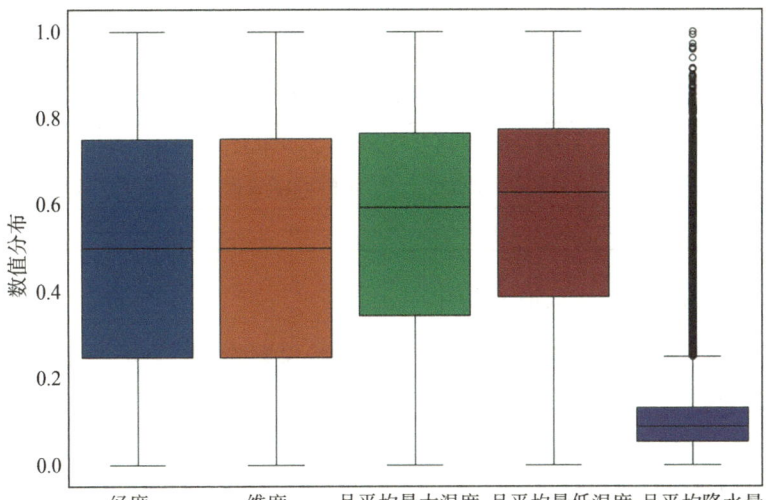

图5-3-2　Min-Max缩放后变量的箱线图

可以看到，除月平均降水量外，其余变量，在设定的指标下不存在异常值。

②统计分析法：可以通过计算数据的标准差来识别异常值。如果数据点的数值大于整体数据的三个标准差范围，通常可以视为异常值。代码如下所示：

```
""" 大于三个标准差的视为异常值"""
#计算每列的
z_scores = data [data.columns [1:]].apply (zscore) #检测 Z-score 大于 3 或 小于 -3 的异常值
outliers = (z_scores.abs () > 3).sum ()
print (" Z-score 方法检测的每列异常值数量:")
print (outliers)
```

本研究数据集中的异常值结果如表 5-3-2 所示。

表 5-3-2　数据集中的异常值

纬度	经度	2010—2019 年 12 月月平均最低温度	2010—2019 年 12 月月平均最高温度	2010—2019 年 12 月月平均降水量
0	0	0	0	0

（2）异常值处理方法[17]

①删除：直接删除异常值，但要确保删除不会影响数据的代表性。

②视为缺失值：将异常值视为缺失值，并根据缺失值处理方法填充。

③不处理：这种方法适用于异常值来源真实且有意义的情况。如果异常值来自实际情况，模型可能会学习到这些信息并提高预测能力；如果异常值是测量错误，则不处理会影响模型的

结论。

由于收集的数据是真实数据，并且不存在超过三个标准差的数据值，只存在超过四分位数的异常值，因此对异常值采用不处理的方式。

3. 特征变换

特征变换是为了使数据更适应于模型的要求，通常通过改变数据的分布或尺度来增强模型的性能。很多机器学习模型（如线性回归、逻辑回归、神经网络等）都假设数据服从某种分布（如正态分布），因此进行适当的特征变换是非常重要的[18-19]。

在进行特征变换前，先了解原来数据的峰度和偏度。

代码如下所示：

```
#计算偏度
skewness = data［data.columns［1：］］.skew（）.round（4）
print（"数据的偏度："）
print（skewness）#绘制直方图
print（np.log（data［data.columns［1：］］.fillna（0）+1）.skew（））
#设置图表样式
sns.set（style='white'）
#创建绘图对象
plt.figure（figsize=（10，6））
#绘制柱状图
sns.barplot（data=pd.DataFrame（skewness）.T,palette='viridis'）
#设置图表标题和标签
plt.title（'各类别的数量',fontsize=16）
plt.xlabel（'类别',fontsize=14）
```

plt. ylabel ('数量', fontsize=14)

plt. yticks (fontsize=18)

plt. xticks (fontsize=18)

#显示图像

plt. tight_ layout ()

plt. show ()

#计算偏度

skewness = data [data. columns [1:]]. kurt (). round (4)

print ("数据的偏度:")

print (skewness)

#设置图表样式

sns. set (style='white')

#创建绘图对象

plt. figure (figsize= (10, 6))

#绘制柱状图

sns. barplot (data=pd. DataFrame (skewness). T, palette='viridis')

#设置图表标题和标签

plt. title ('各类别的数量', fontsize=16)

plt. xlabel ('类别', fontsize=14)

plt. ylabel ('数量', fontsize=14)

plt. yticks (fontsize=18)

plt. xticks (fontsize=18)

#显示图像

plt. tight_ layout ()

plt. show ()

数据的峰度和偏度结果如图5-3-3所示。

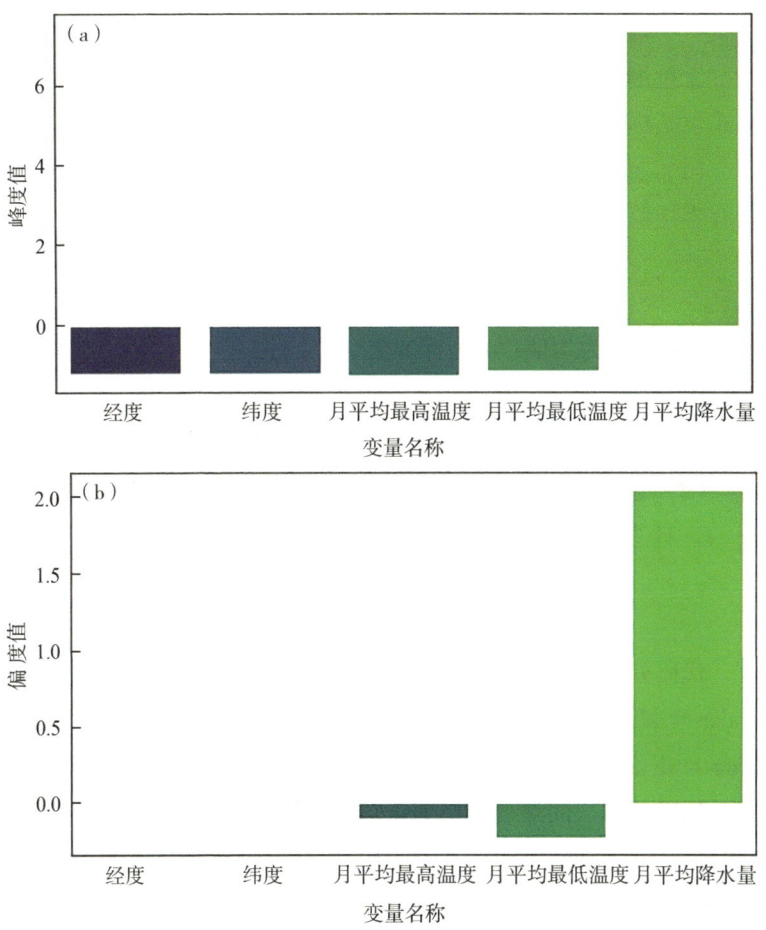

图 5-3-3　数据的峰度和偏度

上图为峰度，下图为偏度。y 轴表示峰度和偏度值，x 轴表示变量名称。可以看到，除了降水量之外，其余指标的峰度和偏度都较低。接下来我们将使用不同的方法来对数据进行转换，并展示转换后的数据分布。

4. 连续变量无量纲化

无量纲化是将不同量纲的数据转换到统一的量纲上,常用的方式包括标准化和区间缩放[20-21]。

(1) 标准化。通过减去均值并除以标准差,使得数据的分布具有零均值和单位方差。计算方法如式(5-3-1)所示:

$$X_{norm}=\frac{X-\mu}{\sigma} \quad (5-3-1)$$

式中,μ 为均值;σ 为标准差。

代码如下:

z_ scores = data [data. columns [1:]]. apply (zscore)

(2) 区间缩放。将数据缩放到一个固定区间(通常是[0,1])。计算方法如式(5-3-2)所示:

$$X_{norm}=\frac{X-X_{min}}{X_{max}-X_{min}} \quad (5-3-2)$$

代码如下所示:

scaler = MinMaxScaler ()

Data = data. apply (scaler)

标准化和区间缩放无量纲化转换的代码如下:

#初始化 MinMaxScaler

scaler = MinMaxScaler ()

#设置图表样式

sns. set (style ='white')

#创建绘图对象

plt. figure (figsize = (10, 6))

#绘制柱状图

sns. barplot (data = pd. DataFrame (scaler. fit_ transform (data [data.columns［1：］］）） .skew（） .round（4） .T, palette='viridis'）

#设置图表标题和标签

plt.title（'各类别的数量', fontsize=16）

plt.xlabel（'类别', fontsize=14）

plt.ylabel（'数量', fontsize=14）

plt.yticks（fontsize=18）

plt.xticks（fontsize=18）

#显示图像

plt.tight_layout（）

plt.show（）

#初始化 MinMaxScaler

scaler = MinMaxScaler（）

#设置图表样式

sns.set（style='white'）

#创建绘图对象

plt.figure（figsize=（10, 6））

#绘制柱状图

sns.barplot（data=pd.DataFrame（scaler.fit_transform（data［data.columns［1：］］）） .kurt（） .round（4） .T, palette='viridis'）

#设置图表标题和标签

plt.title（'各类别的数量', fontsize=16）

plt.xlabel（'类别', fontsize=14）

plt.ylabel('数量', fontsize=14)

plt.yticks(fontsize=18)

plt.xticks(fontsize=18)

#显示图像

plt.tight_layout()

plt.show()

from sklearn import preprocessing

zscore = preprocessing.StandardScaler()

#设置图表样式

sns.set(style='white')

#创建绘图对象

plt.figure(figsize=(10, 6))

#绘制柱状图

sns.barplot(data=pd.DataFrame(zscore.fit_transform(data[data.columns[1:]])).skew().T, palette='viridis')

#设置图表标题和标签

plt.title('各类别的数量', fontsize=16)

plt.xlabel('类别', fontsize=14)

plt.ylabel('数量', fontsize=14)

plt.yticks(fontsize=18)

plt.xticks(fontsize=18)

#显示图像

plt.tight_layout()

plt.show()

from sklearn import preprocessing

```
zscore = preprocessing.StandardScaler()
#设置图表样式
sns.set(style='white')
#创建绘图对象
plt.figure(figsize=(10,6))
#绘制柱状图
sns.barplot(data=pd.DataFrame(zscore.fit_transform(data[data.columns[1:]])).kurt().T, palette='viridis')
#设置图表标题和标签
plt.title('各类别的数量', fontsize=16)
plt.xlabel('类别', fontsize=14)
plt.ylabel('数量', fontsize=14)
plt.yticks(fontsize=18)
plt.xticks(fontsize=18)
#显示图像
plt.tight_layout()
plt.show()
```

无量纲化后的偏度和峰度值如图5-3-4所示。

上图为峰度，下图为偏度。y轴表示峰度和偏度值，x轴表示变量名称。可以看到无量纲化只能让数据缩放在一个区间中，这有利于模型的收敛，但并不能解决数据的峰度和偏度问题，因此一些对数据分布有要求的模型（如线性回归，它存在数据正态性的假设）效果较差（注意，标准化和区间缩放得到的峰度和偏度相同）。

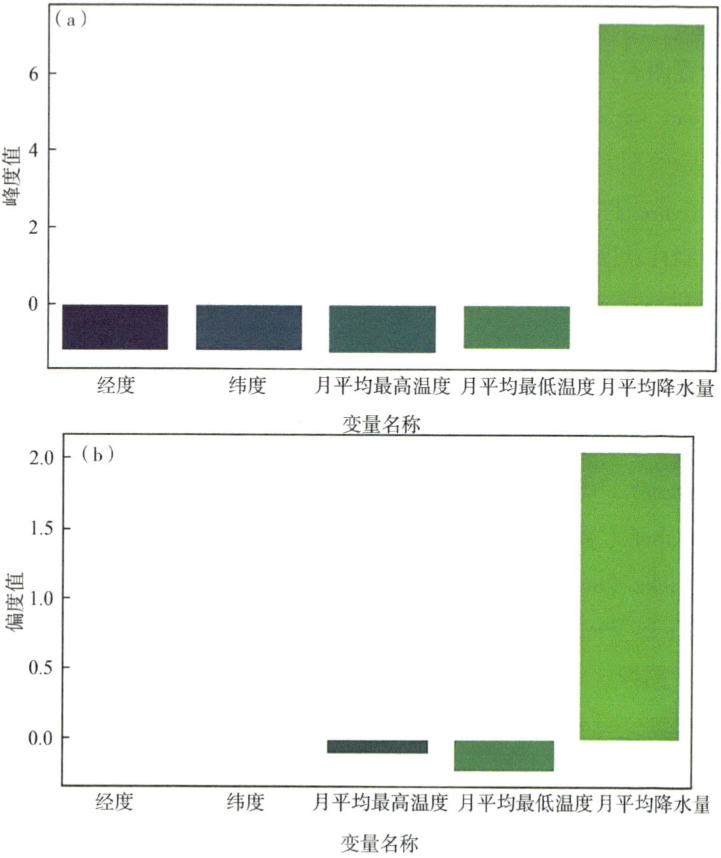

(a) 峰度值图

(b) 偏度值图

图 5-3-4 无量纲化转换后的数据的峰度和偏度

(3) 其他常见的连续变量变换方法。

①Log 变换：对数据进行对数变换，尤其适用于存在偏态分布的连续变量。对数变换可以压缩大值、拉伸小值，通常能使数据更接近正态分布[22]，如式（5-3-3）所示：

$$X_{norm} = \text{Log}(X) \tag{5-3-3}$$

但是对于这种变换,要求数据为正数,因此可以将 Log 变换公式转换一下,如式(5-3-4)所示:

$$X_{norm} = \text{Log}[Relu(X)+1] \qquad (5-3-4)$$

式中,$Relu$ 是激活函数,表示 Max(0, X),当数据大于 0 时不变,当小于 0 时为 0,这一步的步骤是防止数据中存在 0 值,因为 Log 变换要求数值只能为正值,而+1 是保证数值不为 0。代码如下所示:

#定义
# ReLU 函数
def relu(x):
    return max(0, x)
#计算偏度
skewness = pd.DataFrame(np.log(data[data.columns[1:]]
.fillna(0).applymap(relu)+1)).skew()
print("数据的偏度:")
print(skewness)
#设置图表样式
sns.set(style='white')

#创建绘图对象
plt.figure(figsize=(10, 6))

#绘制柱状图
sns.barplot(data=skewness.T, palette='viridis')

#设置图表标题和标签
plt.title('各类别的数量', fontsize=16)
plt.xlabel('类别', fontsize=14)

```
plt.ylabel('数量', fontsize=14)
plt.yticks(fontsize=18)
plt.xticks(fontsize=18)
#显示图像
plt.tight_layout()
plt.show()
#定义
# ReLU 函数
def relu(x):
    return max(0, x)
#计算偏度
skewness = pd.DataFrame(np.log(data[data.columns[1:]].fillna(0).applymap(relu)+1)).kurt()
print("数据的偏度:")
print(skewness)
#设置图表样式
sns.set(style='white')
#创建绘图对象
plt.figure(figsize=(10,6))

#绘制柱状图
sns.barplot(data=skewness.T, palette='viridis')

#设置图表标题和标签
plt.title('各类别的数量', fontsize=16)
plt.xlabel('类别', fontsize=14)
plt.ylabel('数量', fontsize=14)
```

plt. yticks（fontsize=18）
plt. xticks（fontsize=18）
#显示图像
plt. tight_ layout（）
plt. show（）

变换后的数据偏度和峰度值如图 5-3-5 所示。

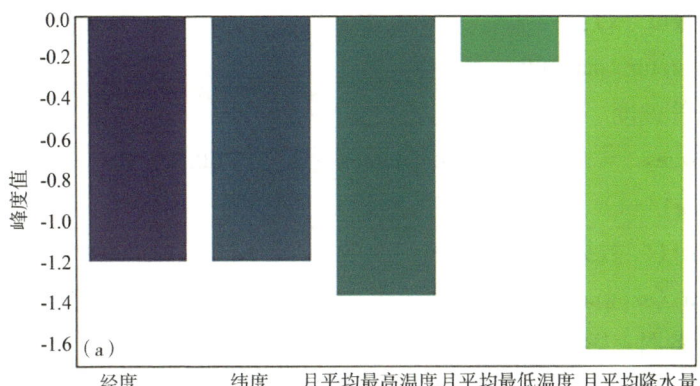

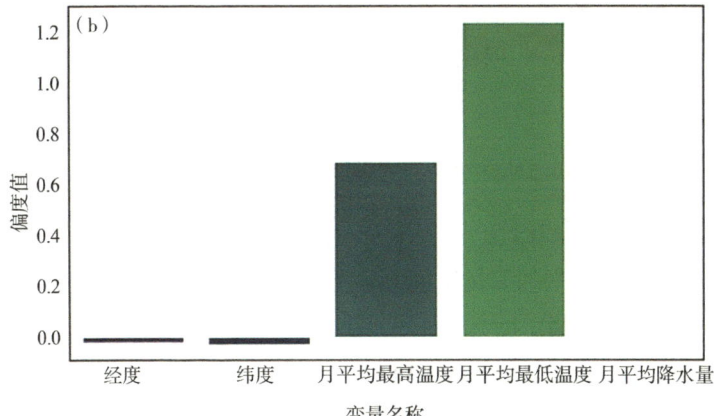

图 5-3-5　Log 变换后的数据的峰度和偏度

上图为峰度，下图为偏度。y轴表示峰度和偏度值，x轴表示变量名称。可以看到，log变换后的效果并不好，这是因为数据中存在负数，我们使用relu激活函数会破坏原来的数据分布。

代码如下：

```
#定义
# ReLU 函数
def relu（x）:
    return max（0,x）
#计算偏度
skewness =（data[data.columns[1:]].fillna（0）.applymap（relu）+1）.skew（）
print（"数据的偏度:"）
print（skewness）
#设置图表样式
sns.set（style='white'）

#创建绘图对象
plt.figure（figsize=（10,6））

#绘制柱状图
sns.barplot（data=skewness.T, palette='viridis'）

#设置图表标题和标签
plt.title（'各类别的数量', fontsize=16）
plt.xlabel（'类别', fontsize=14）
plt.ylabel（'数量', fontsize=14）
plt.yticks（fontsize=18）
plt.xticks（fontsize=18）
```

#显示图像

plt.tight_layout()

plt.show()

#计算偏度

skewness = (data[data.columns[1:]].fillna(0).applymap(relu)+1).kurt()

print("数据的偏度:")

print(skewness)

#设置图表样式

sns.set(style='white')

#创建绘图对象

plt.figure(figsize=(10,6))

#绘制柱状图

sns.barplot(data=skewness.T, palette='viridis')

#设置图表标题和标签

plt.title('各类别的数量', fontsize=16)

plt.xlabel('类别', fontsize=14)

plt.ylabel('数量', fontsize=14)

plt.yticks(fontsize=18)

plt.xticks(fontsize=18)

#显示图像

plt.tight_layout()

plt.show()

使用ReLU激活函数后的数据分布如图5-3-6所示。

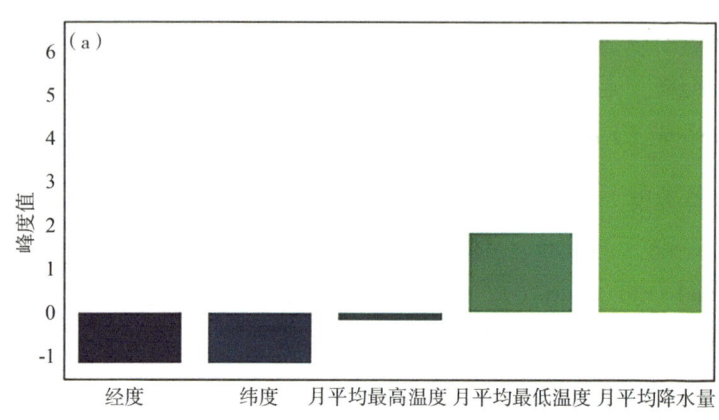

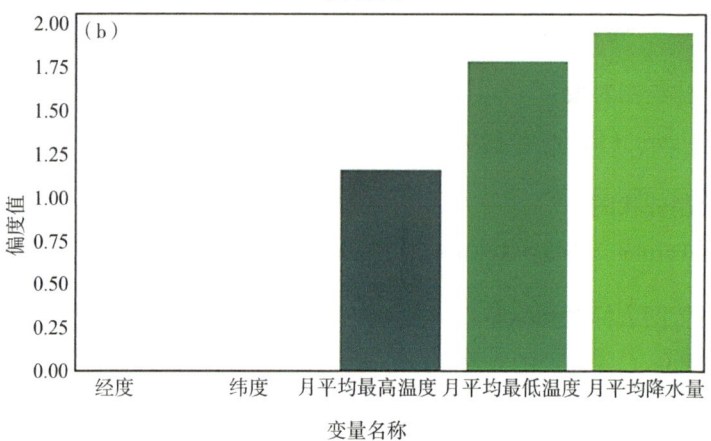

图 5-3-6 使用 ReLU 激活函数后数据的峰度和偏度

其中上图为 Relu 后的峰度值,下图为 Relu 后的偏度值,y 轴表示峰度和偏度值,x 轴表示变量名称。可以看到,Relu 函数使得原有数据集的分布产生变换,这种变换导致数据的分布变差。因此对于我们这种存在负值的数据集需要使用其他方法。

②Yeo-Johnson 变换:是一组由幂函数组成的分段函数,它

可以很好地处理存在负数的数据[23],当随机变量非负时,其表达式如式(5-3-5)所示:

$$X_{norm}=\begin{cases}\text{Log}(X+1) & if\lambda=0, X\geqslant 0 \\ \dfrac{(X+1)^{\lambda}-1}{\lambda} & if\lambda\neq 0, X\geqslant 0\end{cases} \quad (5-3-5)$$

当数值为负值时,其表达式为如式(5-3-6)所示:

$$X_{norm}=\begin{cases}-\text{Log}(-X+1) & if\lambda=2, X\leqslant 0 \\ -\dfrac{[(-X+1)^{(2-\lambda)}-1]}{2-\lambda} & if\lambda\neq 2, X\leqslant 0\end{cases} \quad (5-3-6)$$

式中,λ为变换系数类比 Box-Cox 变换,该系数可以由极大似然估计确定。在机器学习体系下,常见的做法是由学习样本估计变换系数并将其带入测试样本中进行计算。代码如下:

```
data1 = data[data.columns[1:]].copy()
for i in data.columns[1:]:
    data1[i], lamba = stats.yeojohnson(np.array(data[i].fillna(0)))
#计算偏度
skewness = data1.skew()
print("数据的偏度:")
print(skewness)
#设置图表样式
sns.set(style='white')

#创建绘图对象
plt.figure(figsize=(10,6))

#绘制柱状图
```

```
sns.barplot（data=skewness.T,palette='viridis'）
```

#设置图表标题和标签

```
plt.title（'各类别的数量',fontsize=16）
plt.xlabel（'类别',fontsize=14）
plt.ylabel（'数量',fontsize=14）
plt.yticks（fontsize=18）
plt.xticks（fontsize=18）
```
#显示图像
```
plt.tight_layout（）
plt.show（）
```

#计算偏度
```
skewness = data1.kurt（）
print（" 数据的峰度:"）
print（skewness）
```
#设置图表样式
```
sns.set（style='white'）
```

#创建绘图对象
```
plt.figure（figsize=（10,6））
```

#绘制柱状图
```
sns.barplot（data=skewness.T,palette='viridis'）
```

#设置图表标题和标签
```
plt.title（'各类别的数量',fontsize=16）
plt.xlabel（'类别',fontsize=14）
plt.ylabel（'数量',fontsize=14）
```

plt. yticks（fontsize=18）

plt. xticks（fontsize=18）

#显示图像

plt. tight_ layout（）

plt. show（）

Yeo-Johnson 变换后的偏度值和峰度值如图 5-3-7 所示。

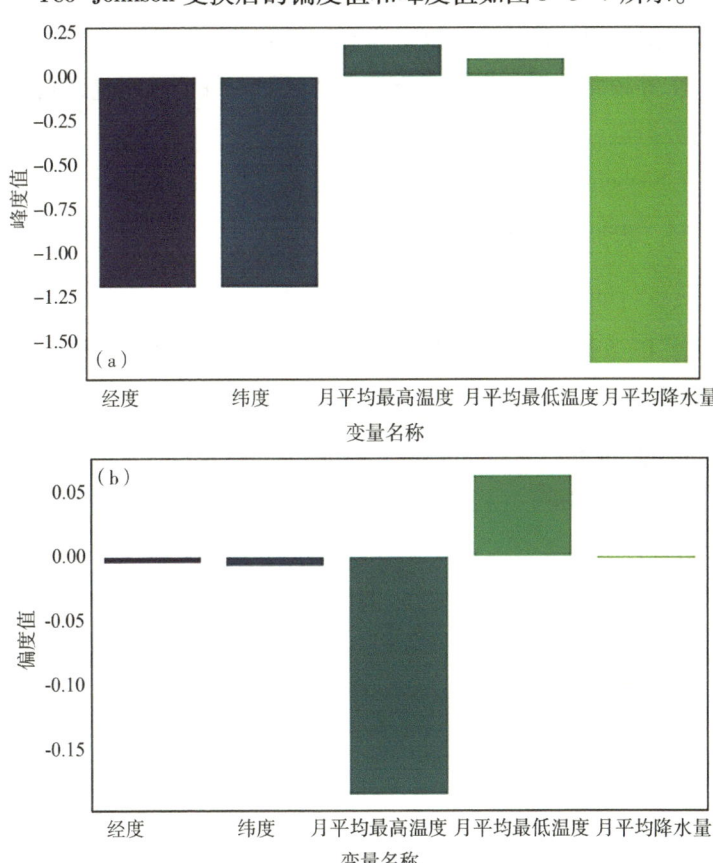

图 5-3-7 Yeo-Johnson 变换后数据的峰度和偏度

其中上图为Yeo-Johnson变换后峰度值,下图为Yeo-Johnson变换后偏度值。y轴表示峰度和偏度值,x轴表示变量名称。可以看到,Yeo-Johnson变换后的数值不论是偏度值还是峰度值都有大量的下降,使得数据更加服从于正态分布,这在建模的时候有利于模型的快速收敛。

(4)离散化(分桶)。离散化是将连续变量转换为离散的类别变量的过程,常见方法包括等频和等距离散化[24]。

①等频离散化:将数据分成几个区间,每个区间包含相同数量的数据点。代码如下:

```
#设置Seaborn样式
sns.set(style=" white")

#使用pd.cut进行等距离散化
a, b = pd.cut(data[" prec"], bins=10, labels=False, retbins=True)

#创建绘图对象
plt.figure(figsize=(12, 6))
#绘制直方图
n, bins, patches = plt.hist(a, bins=10, edgecolor='black')

#设置颜色映射
norm = Normalize(vmin=0, vmax=len(patches))
cmap = plt.get_cmap('viridis')

#为每个补丁设置颜色
for i, patch in enumerate(patches):
    color = cmap(norm(i))
```

patch.set_ facecolor（color）

#设置图表标题和标签

plt.title（'值的颜色渐变频率直方图', fontsize=16）

plt.xlabel（'值', fontsize=14）

plt.ylabel（'频率', fontsize=14）

plt.yticks（fontsize=18）

plt.xticks（fontsize=18）

#显示图像

plt.tight_ layout（）

plt.show（）

得到的结果如图5-3-8所示。其中，频数区间即离散化的结果值，个数即某个频数区间内有多少个数据。

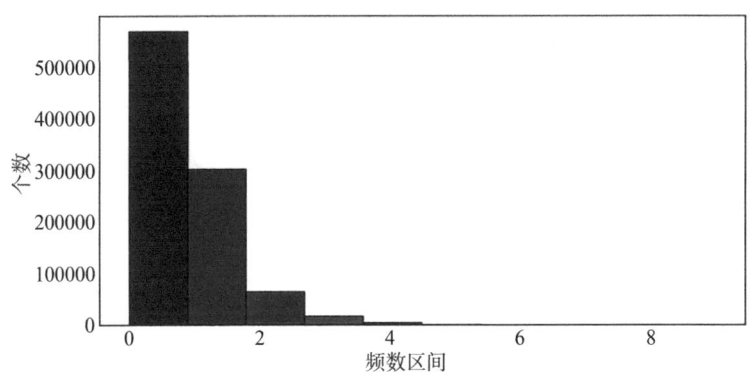

图 5-3-8　等频离散化后的数据

②等距离散化：将数据范围等分成几个区间，区间宽度相等。代码如下：

#设置 Seaborn 样式

```python
sns.set(style="white")

#使用qcut进行分位数划分
a, b = pd.qcut(data["prec"], q=10, labels=False, retbins=True)
print(a)
#创建绘图对象
plt.figure(figsize=(12, 6))
#绘制直方图
n, bins, patches = plt.hist(a, bins=10, edgecolor='black')

#设置颜色映射
norm = Normalize(vmin=0, vmax=len(patches)-1)
cmap = plt.get_cmap('viridis')

#为每个补丁设置颜色
for i, patch in enumerate(patches):
    color = cmap(norm(i))
    patch.set_facecolor(color)

#设置图表标题和标签
plt.title('值的颜色渐变频率直方图', fontsize=16)
plt.xlabel('值', fontsize=14)
plt.ylabel('频率', fontsize=14)
plt.yticks(fontsize=18)
plt.xticks(fontsize=18)

#显示图像
plt.tight_layout()
```

plt. show（）

得到的结果如图 5-3-9 所示。其中，频数区间即离散化的结果值，个数即某个频数区间内有多少个数据。

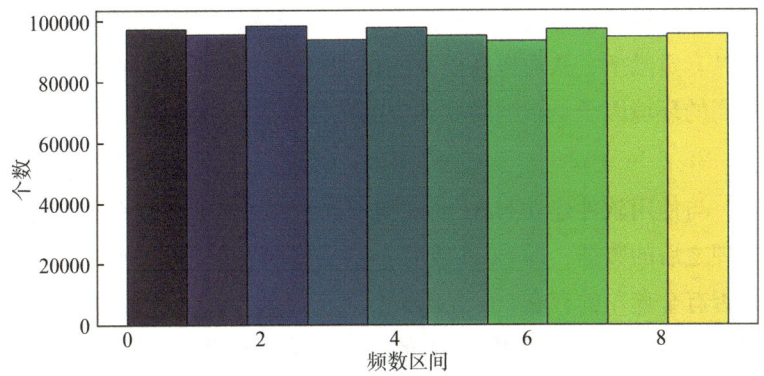

图 5-3-9　等距离散化后的数据

四、模型建立及适生区划分

（一）模型建立

1. 使用软件建立 MaxEnt 模型

将阿勒泰金莲花的分布点数据和环境变量数据导入 MaxEnt 3.4.1 软件，设置刀切法（Jackknife）和响应曲线，并输出预测图。选取 25% 的分布点作为测试集，剩余的 75% 分布点作为训练集，数据以 ASCII 格式输出，模型的其余参数均保持默认值。通过刀切法测定各环境因子的权重，进而识别影响阿勒泰金莲花空间分布的主要环境因子。使用受试者工作特征曲线（Receiver Operating Characteristic Curve，ROC）下的面积（即 AUC 值）来评估模型预测的准

确性,并通过响应曲线分析得到各环境因子的适宜性阈值[10]。

将处理后的 12 个阿勒泰金莲花分布点数据及 42 个环境变量导入 Maxent 模型进行迭代运算。首先剔除贡献率为 0 的环境因子,然后重新进行运算。通过多次迭代筛选,直至所有环境因子均具有贡献率,从而提高模型的模拟精度。其中,贡献率大且权重高的环境因子是影响阿勒泰金莲花分布适宜性的主导因素。

2. 使用 pycharm 建立 XGBoost 模型

与使用软件建立 MaxEnt 模型不同,XGBoost 模型需要使用到处理之后的数据,即 excel 或者 csv 格式的数据。用 0 或 1 来表示是否有金莲花的存在,1 表示有,0 表示无。将数据集分为 $y=1$ 与 $y=0$ 两部分,然后将 $y=1$ 的一半分为训练集,另一半分为验证集。由于 $y=0$ 的数据比较多,所以将 $y=0$ 的 90%作为训练集,10%作为验证集。设置可调参数,

一般有 max_depth:树的最大深度。用于控制模型的复杂度,避免过拟合。learning_rate(eta):学习率,控制每棵树对最终预测结果的影响程度,或每一步迭代中模型参数的更新量。类似于 GBM 中的 learning rate,通过减少每一步的权重来提高模型的鲁棒性和 n_estimators:树的数量,即迭代次数。对参数进行调优后,输出模型的准确度,以及 AUC 值与特征曲线 ROC 图。

将模型导出,与数据一起导入绘图软件 ArcGIS,输出预测图像。代码如下:

#引入数据
df = pd.read_csv ('D:\\dm\\Tushare\\data\\xiaoshuju.csv')
df = df.drop (columns ='date')
#确定 x,y,即自变量与因变量

```
X = df.drop(columns='flower_presence')
y = df['flower_presence']
```

#分离数据

```
y0_data = df[df['flower_presence']==0]
y1_data = df[df['flower_presence']==1]

y1_train, y1_val = train_test_split(y1_data, test_size=0.5, random_state=123, stratify=y1_data['flower_presence'])

y0_train, y0_val = train_test_split(y0_data, test_size=0.1, random_state=123, stratify=y0_data['flower_presence'])
```

#合并训练和验证集

```
train_data = pd.concat([y1_train, y0_train])
val_data = pd.concat([y1_val, y0_val])
```
#重新划分特征变量和目标变量（对于合并后的数据集）
```
X_train = train_data.drop(columns='flower_presence')
y_train = train_data['flower_presence']
X_val = val_data.drop(columns='flower_presence')
y_val = val_data['flower_presence']
```
#训练模型并设定参数
```
clf = XGBClassifier(n_estimators=100, learning_rate=0.05, gamma=0.1, max_depth=5)
clf.fit(X_train, y_train)
```

（二）野生药用植物适生区划分

将 MaxEnt 模型输出的结果导入 ArcGIS 软件中进行适生区分

析时,首先,通过 ArcGIS 的转换工具(Conversion Tools)将 ASCII 格式文件转换为 Raster 格式。其次,对转换后的 Raster 数据进行重新分类(Reclassify)操作,以划分阿勒泰金莲花潜在分布区的适宜度等级。该等级共分为四类:非适生区、低适生区、较适生区以及最适生区。再次,绘制金莲花在阿勒泰地区的适生区分布图。最后,运用 ArcGIS 的字段计算器计算各类适生区的面积,并统计其面积百分比。

以分布概率阈值 0.41 对勒泰金莲花潜在适生分布图进行等级划分:0~0.41 为非适生区,0.42~0.73 为低适生区,0.74~0.88 为较适生区,0.89~1.00 为最适生区。分布等级图面积统计结果(表 5-4-1)显示,阿勒泰金莲花潜在适生区总面积为 46042.45 平方千米,占阿勒泰总面积 38.97%。其中最适生区面积 7536.71 平方千米,主要分布于布尔津县和阿勒泰市,分别占最适生区总面积 42.55% 和 21.99%;较适生区总面积为 14715.21 平方千米,主要分布于阿勒泰市、富蕴县和布尔津县,分别占较适生区总面积的 25.16%、23.27% 和 22.77%,低适生区面积为 23790.52 平方千米,主要集中于青河县和富蕴县,占低适生区总面积的 31.34% 和 22.17%。将 MaxEnt 模型预测的阿勒泰金莲花适生区分布与实际分布点进行比较,发现实际分布点多集中于高适生区和较适生区内,表明该研究可信度较高[10]。

表 5-4-1 阿勒泰金莲花潜在种植区面积统计

区域	最适生区 面积/平方千米	较适生区 面积/平方千米	低适生区 面积/平方千米
阿勒泰市	1657.36	3702.78	1746.14
布尔津县	3207.10	3350.26	2302.92

续表

区域	最适生区 面积/平方千米	较适生区 面积/平方千米	低适生区 面积/平方千米
福海县	210.89	1520.27	1453.55
富蕴县	1202.12	3421.60	5273.50
哈巴河县	1083.90	1997.22	3515.86
吉木乃县	7.42	179.32	2042.84
青河县	167.92	543.77	7455.71
总计	7536.71	14715.21	23790.52

五、结果与分析

（一）模型效果评估

MaxEnt 模型采用受试者工作特征曲线（Receiver Operating Characteristic，ROC）对适生区分析结果进行精度评估，ROC 曲线以假阳性率作为横坐标，真阳性率作为纵坐标。曲线与横坐标为 0 的直线以及纵坐标为 1 之间所构成的面积值为 Area Under Curve（AUC），显然这个面积的数值不会大于 1，利用 AUC 值对模型预测的准确性进行评价，AUC 值越大表示模型预测结果精度越高[25]。AUC 值在 0.5~0.6 为不及格；0.6~0.7 为较差；0.7~0.8 为一般；0.8~0.9 为良好；0.9~1.0 为优秀[26]。结果显示，测试数据集和训练数据集的 AUC 分别为 0.943 和 0.994（图 5-5-1），即测试数据集和训练数据集的 ROC 曲线与坐标轴之间构成的面积为 0.943 和 0.994，远大于随机预测的 AUC 值（0.5），说明模型的预测结果与实际分布区具有较高的拟合度，表明由模型预测的金莲花潜在适生区具有较好的准确度和可信度[10]。MaxEnt 模型的 ROC 曲线如图 5-5-1 所示。

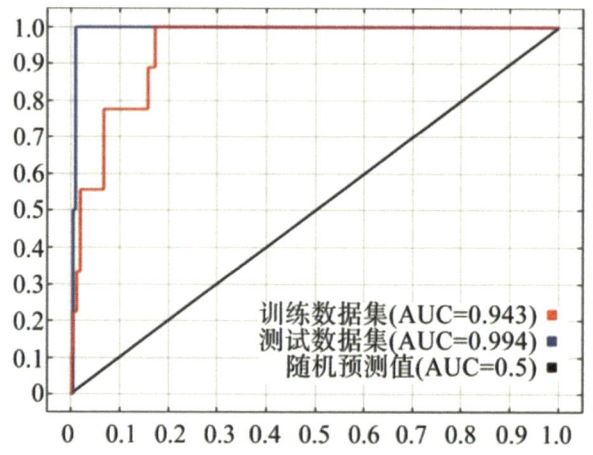

图 5-5-1　MaxEnt 模型的 ROC 曲线

XGBoost 模型的工作特征曲线 ROC 对适生区分析结果如图 5-5-2 所示：训练集的 AUC 为 0.97。

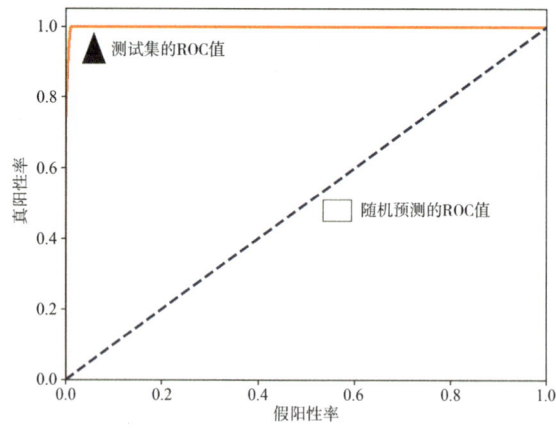

图 5-5-2　XGBoost 模型的 ROC 曲线

(二) 主导环境因子分析

基于 MaxEnt 模型，采用刀切法检验可判断各环境因子对阿勒泰金莲花适生区分布增益的贡献率及权重，进而可分析影响物种分布的主要环境因子。结果显示（表5-5-1），影响阿勒泰金莲花分布的降水因子贡献率为45.89%，日照时数贡献率为24.63，气温贡献率为22.89%，19个生物气候变量因子的贡献率为5.15%，地形因子贡献率为0.83%，相对湿度贡献率为0.61，表明降水、日照时数和气温是影响阿勒泰金莲花分布的主要因子。其中日照时数、4月降水量、11月降水量和年平均最高气温的贡献率分别为24.63%、24.29%、22.89%和17.91%，累积贡献率达89.71%，是影响阿勒泰金莲花生长区分布最关键的环境因子。地形数据中坡度的贡献率仅为0.83%，表明地形数据对阿勒泰金莲花的整体分布范围基本无影响[2]。

表5-5-1 各环境变量对模型预测的相对贡献率

类型	变量	贡献率/%
降水	4月降水量	24.29
	11月降水量	17.91
	1月降水量	2.42
	8月降水量	1.03
日照时数	日照时数	24.63
气温	年平均最高气温	22.89

续表

类型	变量	贡献率/%
19个生物气候因子	最湿季度降水量	3.1
	年平均温度	1.19
	温度季节变化标准差	0.61
地形因子	坡度	0.83

使用MaxEnt模型生成的响应曲线（Response curve），分析各主导环境变量在研究区域内分布的适宜取值范围（图5-5-3）。响应曲线的横坐标表示环境变量作用区间范围，纵坐标表示对应的环境变量与分步率的自然对数，纵坐标值与目标物种在该环境变量下的适宜性成正比的趋势。以潜在分布概率阈值0.41提取阿勒泰金莲花主要环境因子变化范围，由图5-5-3（a）可知，日照时数≥2868小时适合阿勒泰金莲花的生长，随着日照时数的增加，阿勒泰金莲花的存在概率不断增大，其最适区间为3340~3350小时。在图5-5-3（b）中，随着4月降水量的增加，阿勒泰金莲花的存在概率急剧下降，4月降水量≤21毫米为阿勒泰金莲花出现的阈值区间，其中在7.7~58毫米区间，阿勒泰金莲花的分布概率出现了明显的下降，在0~7.6毫米范围内保持较平稳，为最适宜生长的区间。在图5-5-3（c）中，阿勒泰金莲花的存在概率为年平均最高气温≤9.1℃，其中在-5.8~2.1℃区间内，是最适宜区间，存在概率最高，2.2~15.3℃缓慢下降至最低。在图5-5-3（d）中，11月降水量≤14.8毫米适合阿勒泰金莲花生长，阿勒泰金莲花在11月降水量梯度上随着降水量的增大存在概率明显降低，其最适范围为0~4.1毫米[10]。

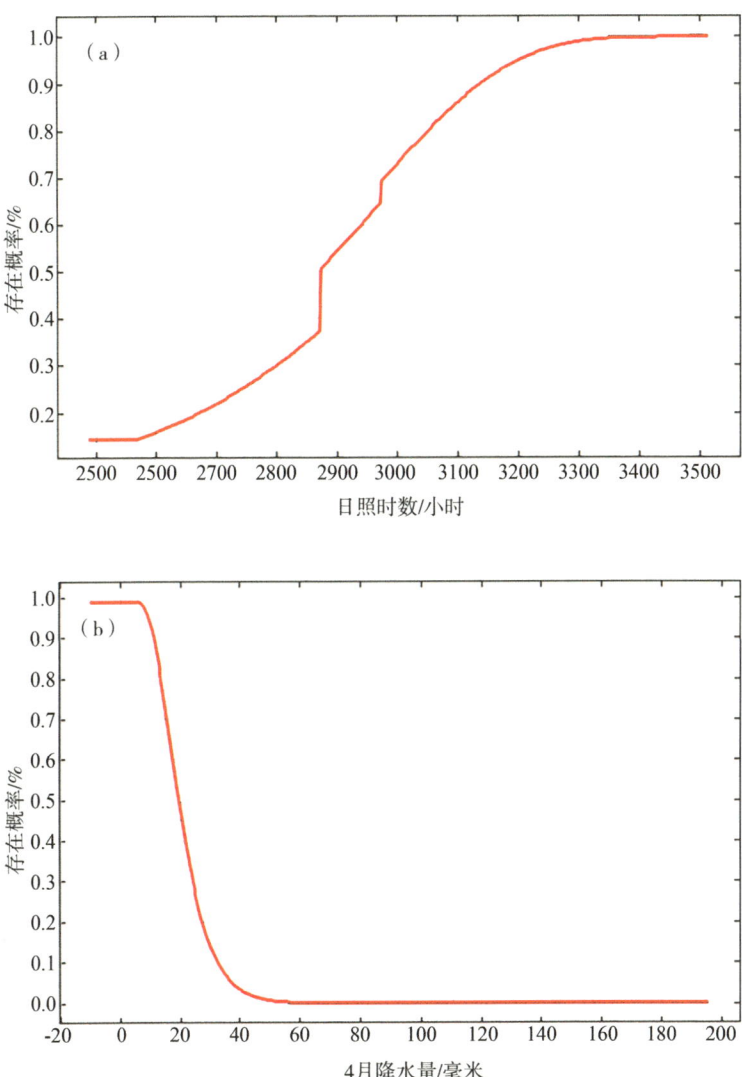

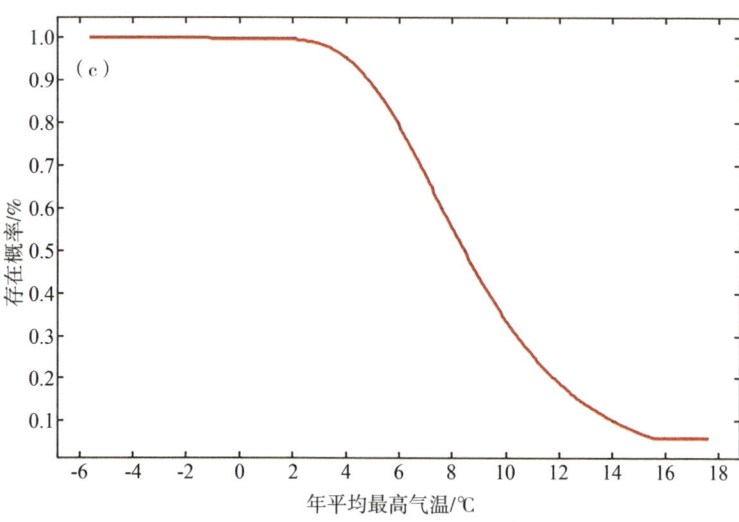

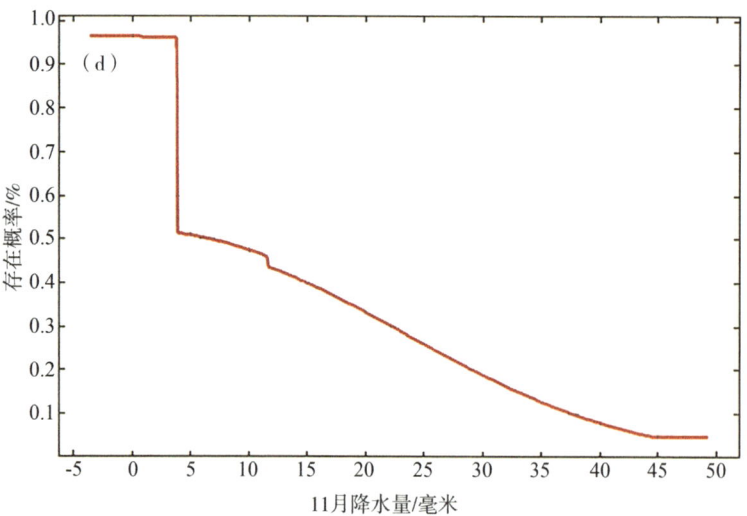

图 5-5-3　金莲花对主导环境因子的响应曲线

第5章 新疆地区野生药用植物适生区研究

而 XGBoost 模型使用的是特征重要性评估，模型搭建完成后，有时还需要知道各个特征变量的重要程度，即哪些特征变量在模型中发挥的作用更大，这个重要程度称为特征重要性。在决策树型中，一个特征变量对模型整体的基尼系数下降的贡献越大，它的特征重要性就越大。举个例子，模型分裂到最后的叶子节点，整个系统的基尼系数下降值为 0.3，如果所有根据特征变量 A 进行分裂的节点产生的基尼系数下降值之和为 0.15，那么特征变量 A 的特征重要性就为 0.15/0.3=0.5，即 50%。结果显示（表 5-5-2）：经度是影响金莲花生长的最重要因素，贡献率可达 64.29%；与之相反，纬度影响不高，只有 5.54%。月平均最高气温是除了经度以外影响最大的因素，贡献率有 20.85%。其他因素比如月平均最低气温，月平均降水量，坡度等的贡献率都不高。

表 5-5-2 各环境变量对模型预测的相对贡献率

类型	变量	贡献率/%
经纬度	经度	64.29
	纬度	5.54
气温	月平均最低气温	3.35
	月平均最高气温	20.85
降水量	月平均降水量	2.72
19个生物气候因子	最湿季度降水量	1.32
	年平均温度	1.19
	温度季节变化标准差	0.61
地形因子	坡度	0.13

对比表 5-5-1 和表 5-5-2 可以发现，MaxEnt 模型与 XGBoost 模型存在显著差异。MaxEnt 模型主要关注降水、日照、气温等与植物生长密切相关的环境因子，而 XGBoost 模型则是通过算法从数

据中提取模式和特征,从而实现对未知数据的预测或决策。值得注意的是,XGBoost 模型不会评估预测结果的合理性,而是完全基于现有数据进行推测和预判。尽管这两个模型的影响因子存在显著差异,但它们在适生地的预测结果上却表现出一定的相似性。

六、总结

目前关于新疆地区金莲花的适生区研究报道相对较少。主要原因是大多数文献对新疆地区金莲花的分布区域记载不够详细,给预测模型所需的分布坐标带来了困难。研究中所使用的分布点来自实地调查数据,基本能够反应分布点的准确性。环境因子数据来源于各官网发布数据,且已被广泛应用于各物种的适生区研究中,具有较高的权威性和可靠性。因此,本研究所得模拟结果对于阿勒泰金莲花的科学开发与生产具有较高的参考价值。

本研究致力于探索阿勒泰金莲花的适生区域及其主要影响环境因子,通过综合运用 MaxEnt 模型和 XGBoost 模型,结合实地调查数据和多种环境因子,对阿勒泰金莲花的潜在分布进行了深入分析,较直观地预测了阿勒泰金莲花的潜在适生区分布,并分析了影响阿勒泰金莲花潜在适生区的主要环境因子。

在数据处理上,对原始数据进行了严格的清洗和预处理,包括填充缺失值、处理异常值以及特征变换,以确保数据质量和模型性能。

研究分别利用 MaxEnt 模型和 XGBoost 模型对阿勒泰金莲花的潜在分布进行了预测。MaxEnt 模型主要分析物种分布与环境变量间的关系,而 XGBoost 模型则基于决策树的集成学习方法,从数据中提取模式和特征。两个模型的预测结果均表明,阿勒泰金莲花的最佳生长区域位于北部，且呈现出从西北向东南延伸的带状特征。然而，在主导环境因子的识别上，MaxEnt模型更关注降水、日照和气温等强相关因素，而XGBoost模型则对经度等因素赋予了较高权重。这种差异可能源于模型算法和理论基础的不同。尽管两个模型在主导环境因子识别上存在分歧，但它们的预测结果均提供了关于阿勒泰金莲花适生区域的重要信息。结合实地调查数据，可以更全面地了解阿勒泰金莲花的生长环境和分布规律，这对于制定保护措施、合理利用资源以及推动相关产业发展具有重要意义。

此外，本研究还证明了机器学习模型在物种分布预测领域的广泛应用潜力。通过不断优化模型算法和提高数据质量，可以进一步提高预测的准确性和可靠性。同时，结合多种模型和方法进行综合分析，也将有利于更深入、更全面地认识和了解物种分布。

参考文献

[1] 郎涛，夏建新，吴才武，等. 新疆阿勒泰地区典型药用植物群落与多样性研究[J]. 中药材，2016，39（7）：1472-1476.

[2] 艾拉努尔·卡哈尔，王鹏军，逯永满，等. 基于MaxEnt生态位模型预测木灵藓科三属植物在新疆的潜在分布区[J]. 华中师范大学学报（自然科学版），2022，56（3）：487-496，540.

[3] 王茹琳，李庆，封传红，等. 基于MaxEnt的西藏飞蝗在中国的适生区预测[J]. 生态学报，2017，37（24）：8556-8566.

[4] 李契，朱金兆，朱清科. 生态位理论及其测度研究进展[J]. 北京林业大学学报，2003（1）：100-107.

[5] 田春山，刘希林，汪佳. 基于CF和Logistic回归模型的广东省地质灾害易发性评价[J]. 水文地质工程地质，2016，43

（6）：154-161，170.

[6] 李欣海. 随机森林模型在分类与回归分析中的应用[J]. 应用昆虫学报，2013，50（4）：1190-1197.

[7] 丁世飞，齐丙娟，谭红艳. 支持向量机理论与算法研究综述[J]. 电子科技大学学报，2011，40（1）：2-10.

[8] 邵慧，田佳倩，郭柯，等. 样本容量和物种特征对BIOCLIM模型模拟物种分布准确度的影响：以12个中国特有落叶栎树种为例[J]. 植物生态学报，2009，33（5）：870-877.

[9] 宋红敏，张清芬，韩雪梅，等. CLIMEX：预测物种分布区的软件[J]. 昆虫知识，2004（4）：379-387.

[10] 古丽米拉·克孜尔别克，邱琴，海拉提·克孜尔别克. 基于MaxEnt模型的阿勒泰金莲花潜在适生区预测[J]. 江苏农业科学，2021，49（4）：82-87.

[11] 熊中敏，郭怀宇，吴月欣. 缺失数据处理方法研究综述[J]. 计算机工程与应用，2021，57（14）：15-18.

[12] 郭毅博，牛猛，王海迪，等. 基于生成对抗网络的飞机燃油数据缺失值填充方法[J]. 浙江大学学报（自然版），2021，48（4）：36-40.

[13] 徐昊，王永生，许志伟，等. 基于生成对抗网络多变量风电时间序列异常值处理[J]. 太阳能学报，2022，43（12）：300-311.

[14] 马思远，焦佳辉，任晟岐，等. 基于注意力机制的城市多元空气质量数据缺失值填充[J]. 计算机工程与科学，2023，45（8）：1354.

[15] 赵永宁，叶林，朱倩雯. 风电场弃风异常数据簇的特征及处理方法[J]. 电力系统自动化，2014，38（21）：39-46.

[16] 史烨挺，刘海江，狄旸辰，等. 基于空气质量监测站点间

迟滞效应的监测异常值检测方法[J/OL].中国环境监测,1-9[2025-03-10].http://kns.cnki.net/kcms/detail/11.2861.X.20250220.1658.014.html.

[17] 葛佳豪.基于集成学习的混凝土坝变形监测数据异常值识别与处理方法研究[D].西安:西安理工大学,2024.

[18] 虞伟,黄浩,金晨星,等.基于多头自注意力特征变换和CNN-LSTM的超短期风电功率预测[J/OL].南方电网技术,1-10[2025-03-10].http://kns.cnki.net/kcms/detail/44.1643.tk.20241205.0934.002.html.

[19] 王多瑞,杜杨,董兰芳,等.基于特征变换和度量网络的小样本学习算法[J].自动化学报,2024,50(7):1305-1314.

[20] 高晓红,李兴奇.无量纲化方法的效用测度及最优无量纲化模型构建[J].统计与决策,2024,40(24):42-47.

[21] 耿尚勋.无量纲化效果的统计检验[J].楚雄师范学院学报,2024,39(3):67-72.

[22] 郭泳澄.基于log正则化的卷积变换学习算法及其应用研究[D].广州:广东工业大学,2022.

[23] Weisberg S. Yeo-Johnson power transformations[J]. Department of Applied Statistics, University of Minnesota, 2001(1):2003.

[24] 尹王平.时序数据离散化方法研究与应用[D].北京:中国石油大学,2023.

[25] 王运生,谢丙炎,万方浩,等.ROC曲线分析在评价入侵物种分布模型中的应用[J].生物多样性,2007(4):365-372.

[26] 赵力,朱耿平,李敏,等.入侵害虫西部喙缘蝽和红肩美姬缘蝽在中国的潜在分布[J].天津师范大学学报:自然科学版,2015,35(1):75-78.

第6章 新疆地区野生药用植物资源共享平台建设

一、药用植物资源共享平台建设的背景和意义

（一）药用植物资源共享平台建设的背景

在新疆中草药产业蓬勃发展的背景下，药用植物资源的信息化以及共享显得尤为重要。尽管已有一些中药数据库的建立，针对野生药用植物的信息化建设仍存在明显不足，尤其是在文本信息与数字信息的结合以及资源共享方面。众所周知，药用植物资源共享平台的搭建，不仅有助于提升新疆中草药产业的整体水平，也为相关研究提供了更为丰富和多元的视角。

（二）药用植物资源共享平台的意义

目前，我国已建立了多个中草药数据库和植物资源数据库，如NASII、中医药数据库和中国植物主题数据库等。然而，这些数据库主要作为特定领域的信息查询平台，在信息交流方面仍存在不足。新疆野生药用植物共享平台的建设具有重要意义。首先，野生中草药的现代化发展离不开信息化资源平台和功能完善的数据库的支持。其次，在现代社会，健康话题备受关注。药用植物不仅是西医概念中用于治疗疾病的药物，更是中医药历史发展中形成的药膳文化的重要组成部分。然而，传统书籍对大多数人而言较为枯燥。通过信息化平台的展示，不仅能够促进相关专业人士的学习交流，还能吸引普通民众，使他们更好地了解、使用并保护野生药用植物。

二、野生药用植物资源共享研究现状

（一）国外药用植物资源共享研究现状

"资源共享"这一概念大约起源于18世纪末期。1876年，美国图书馆协会的成立使得这一概念获得了广泛认同，随后该领域保持了良好的发展势头[1]。随着时代的发展和科技的进步，特别是在进入信息化时代后，无论是科技资源、生态资源、文献资源还是标本资源，资源共享平台如雨后春笋般涌现。截至2017年5月，法国国家自然历史博物馆已数字化标本达600万份；美国标本数字化量达到9975万份；澳大利亚虽然没有确切的标本数字化数据，但其信息系统内包含丰富的生物信息；全球最具影响力的GBIF（全球生物多样性信息机构）已收录超过7亿个物种。在生物资源分布记录中，1/10的动物分布记录和1/3的植物分布记录均来自标本。生物标本已成为生物分布记录的最重要组成部分[2]。从上述数据可以看出，国外对资源数字化的重视程度较高，因此其建设起步相比国内要早得多。

（二）国内药用植物资源共享研究现状

中国在标本数据化工作方面起步较晚，直到2003年才开始完善标本数字化工作。截至目前，国内广为人知的数字化资源共

享平台是国家标本资源共享平台（NSII）。目前，NSII已经实现了7000余种国家标准物质资源的信息化共享[3]。NSII网站于2011年正式投入使用[4]。由于许多省份物种丰富且生物多样性显著，为了更好地管理和保护生态环境，这些省份根据自身情况建立了相应的资源平台。然而，这些平台仍存在诸多不足。

三、共享平台的关键技术和相关工具

本节讲述数字化平台开发过程中的关键技术，以确保平台的实用性和可靠性，平台开发中用到的主要软件工具如表6-3-1所示。

表6-3-1 系统的关键技术表

关键技术	平台
操作系统	Window10
系统开发框架	Django2.1.4
集成开发环境	PyCharm
开发语言	Python 3.6
数据库	MySQL 3.5
架构风格	RESTFUL API

（一）Python开发语言简介

Python是一门面向对象编程语言，以其强大的可读性而著称。作为一种解释型语言，Python支持逐步执行代码。作为一门流行的程序设计语言，Python提供了高效的数据结构和简单但有效的编程方式，这些都得益于其丰富的第三方库和解释语言的易用性。截至目前，已有超过11万个Python第三方库[5]。在这个复杂的信息系统时代，Python 不仅具有简洁的语法，而且在高层次程序逻辑方面也不逊色于其他编程语言[6]。随着云计算和大数据技术的迅速发展，Python 旨在让开发人员专注于解决问题，而不是花费大量精力理解语言本身。这种特性有助于减少程序开发过程中的错误，增强程序的健壮性，并缩短开发周期。诸如谷歌、雅虎等大型网络公司的发展都得益于 Python 的便捷技术；甚至美国航天局 NASA 也使用 Python 进行程序开发，这充分证明了 Python 在各方面性能的优越性。

（二）Django 开发框架

Django 是 Python 程序下的一个 Web 应用框架。独有的 MVC 开发模式是该应用框架的亮点之一，通常也称 MVC 开发模式为 MVT[7]。系统开发主要在 models.py、templates 及 views.py 中。MTV 开发模式通俗来说就是：M 即为模型——数据存取层（数据库字段）；V 即为视图——表现层（前后端处理）；T 即为模板——业务逻辑层（前端页面展示）。MVT 模式如图 6-3-1 所示。

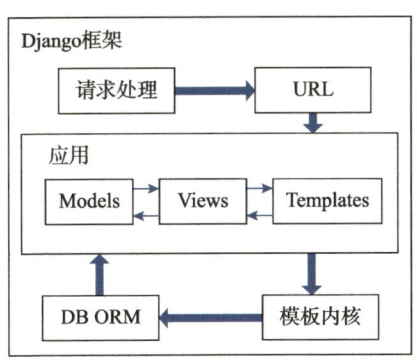

图 6-3-1　Django 框架结构图（MVT）

除此之外，Django 还带有特别强大的后台管理功能。提供高效的维护与管理（内置 admin 的 model，views，templates）[8]，开发者不用再花费大量的时间和精力去开发后台管理界面。这能够用最短的时间开发出一个功能完善的 Web。本平台使用的是一个二次开发好的 xadmin 库，功能比 admin 强大，优化了 Django 自带的 Admin 后台管理一些界面功能的不足，并可以增加富文本编辑器。

（三）MySQL 数据库

常言道，最合适的才是最好的，数据库亦是如此。本系统采用 MySQL 作为数据库，MySQL 是中小型企业中最常用的关系型数据库管理系统应用软件。与其他数据库类似，MySQL 也使用 SQL 语言来访问数据库中的数据。MySQL 具有体积小、速度快的特点，并且是开源免费的[9]。此外，MySQL 的后期维护成本低，开发语言兼容性高，因此在中小型企业的 Web 开发中，MySQL 成为首选。尽管 MySQL 的功能相比其他数据库并非最全面，架构也并非最完美，但这些因素并不妨碍它成为最流行的关系型数据库管理系统之一。

（四）Web Service 技术

Web Service 是一种"异构系统"的解决方案，其核心技术标准为 XML。它遵循 HTTP 和 SOAP 协议标准[10]。Web Service 也被称为 Web API，它既可以被视为一个接口、一种服务协议，也可以被认为是一种架构风格。这种多面性源于 Web Service 能够跨越编程语言和操作系统的限制，为网络应用开发和使用提供统一的编程模型。从功能角度来看，Web Service 可以被理解为一个应用程序向外界提供的接口，支持通过 Web 调用实现数据交互，因此它也是一种服务协议。值得注意的是，即使两个应用程序使用不同的编程语言，只要接口规范一致，它们就能够相互调用。通过编程方法调用 Web 应用程序，不同应用之间无须专门的第三方软件或硬件即可实现数据交换或系统集成。

（五）Restful Web Service 架构

Roy Fielding 在其博士论文中首次提出了 REST（Representational State Transfer）这一概念。REST 是一种面向资源的架构风格[11]。满足其约束条件和原则的应用程序可称为 RESTful，而 RESTful 并不仅限于 Web 应用。REST 主要服务于网络应用的设计与开发。它在降低开发复杂性的同时，提高了系统的可伸缩性，并为网络上的所有资源提供了唯一标识。由于 RESTful 具有无状态操作的特点，并遵循 CRUD 原则，因此用户只需使用 POST、GET、PUT 和 DELETE 等基本操作即可完成相关处理。此外，通过资源唯一标识符指定的路由，用户可以轻松读取和识别资源。

传统网站通常采用 RPC（远程过程调用）服务架构。开发者通过 RPC 实现不同系统间的互操作。然而，这种架构存在封闭性强、接口复杂、可扩展性差等缺陷[12]。与 Web 设计追求简单性的理念相悖。相比之下，RESTful 架构更符合 Web 的初衷，它以资源为核心视角，简化了系统设计。REST 组件不仅具有良好的可扩展性和通用接口，而且支持独立部署。因此，相较于 RPC，RESTful 架构更具优势。

四、需求分析和框架设计

(一) 需求分析

野生药用植物资源共享系统的开发宗旨就是服务大众，从系统功能需求分析、系统可行性分析和用户需求性分析可证实该系统存在的价值。

1. 功能分析

系统功能模块基本划分为四个子系统：XAdmin 管理系统；药用植物系统；用户界面系统；用户个人中心（注册用户、收藏信息）。

2. 技术可行性

本系统采用 Django 架构设计，采用 MySQL 数据库，以 pycharm 为开发平台，利用 Python 语言和 RESTful API 实现了平台功能。Python 是一门解释性语言，具有很强的兼容性，同时还支持其他的插件，能够使系统功能更加完善，MySQL 的读取速度快，对于 Python 和 MySQL 能够熟练运用到开发中去，基于以上的系统开发关键技术具有较强的技术可行性。

3. 操作可行性

Django 自带后台管理系统 admin，同时还支持二次开发，本系统采用 XAdmin 后台管理系统，界面简洁明了，除了增删改查功能，还有具备很多功能，能够方便管理者快速使用、管理。系统前端页面精美，功能完善，具有个人中心、查询、展示、登录注册等功能，能够给予用户良好的体验，切实感觉到系统带来的实用性。

4. 运行可行性

使用 MySQL 数据库，经测试，系统各方面反应速度快，Python 是时代主流编程语言之一，允许用户自定义插件，现有第三方插件稳定：分页、图片加载、验证码、XAdmin 等三方插件运行稳定，后期维护成本低，更新改进方便，易移植于 Windows、Linux、iOS 操作系统，且都有良好的运行可行性。

（二）总体设计

1. 数据库设计

数据库的设计与创建是平台的核心，所有用户管理及数据展示功能均依赖于一个完善的数据库基础。本平台建立了相应的数据库，以实现药用植物数据的展示、用户注册与登录、用户管理、查询、错误信息反馈、用户收藏、用户消息、地图展示及采集人信息等功能。设计初期构建了完整的数据 E-R 图，并设计了合理的数据字段，以确保模型能够正常运行。

通过对平台主要功能的分析，设计了以下数据表：用户信息数据表 UsersProfile，主要用于存储用户信息，包括用户编号、用户名、邮箱、昵称、生日、性别、地址、密码、用户权限及联系电话，具体见表 6-4-1。

表 6-4-1 用户管理数据表

字段名称	数据类型	长度	主键	是否为空	字段描述
id	int	10	是	否	用户编号
username	char	150	否	否	用户名
password	char	128	否	否	用户密码

续表

字段名称	数据类型	长度	主键	是否为空	字段描述
email	char	254	否	否	邮箱
nick_name	char	20	否	否	昵称
birthday	date	0	否	否	生日
gender	char	6	否	否	性别
address	char	50	否	否	地址
mobile_phone	char	11	否	否	电话号码

用户反馈错误表UserAskError，主要用于存放用户的反馈信息，包括编号、用户名、植物名称、错误描述、添加时间，具体见表6-4-2。

表6-4-2 用户反馈错误表

字段名称	数据类型	长度	主键	是否为空	字段描述
name	char	10	否	否	用户名
plant_name	char	15	否	否	植物名称
id	int	10	是	否	编号
error_detail	char	50	否	否	错误描述
add_time	Data	3	否	否	添加时间

用户收藏信息表UserFav，主要用于存放用户收藏的药用植物的信息，包括编号、用户、数据id、添加时间，具体见表6-4-3。

表6-4-3 用户收藏信息表

字段名称	数据类型	长度	主键	是否为空	字段描述
user	Char	10	是	否	用户
id	int	10	是	否	编号

续表

字段名称	数据类型	长度	主键	是否为空	字段描述
fav_id	char	10	否	否	数据id
add_time	Data	3	否	否	添加时间

用户消息表 UserMessage，主要用于存放用户的反馈信息，包括编号、接受用户、消息内容、是否阅读、添加时间，具体见表6-4-4。

表6-4-4 用户消息表

字段名称	数据类型	长度	主键	是否为空	字段描述
User	int	10	是	否	接收用户
message	char	500	否	否	消息内容
id	int	10	否	否	编号
has_read	Bool	2	否	否	是否阅读
add_time	Date	3	否	否	添加时间

野生药用植物资源表 MedicnalPlant，主要用于野生药用植物的信息，包括编号、药用植物名称、拉丁名、别名、科、属、形态描述、3D模型访问地址、药用植物图片、药理作用、功能主治、分布地区、出处、添加时间，具体见表6-4-5。

表6-4-5 野生药用植物资源表

字段名称	数据类型	长度	主键	是否为空	字段描述
name	char	15	是	否	药用植物名
la_name	char	20	否	否	拉丁名
id	int	10	否	否	编号
nick_name	char	30	否	否	别名

续表

字段名称	数据类型	长度	主键	是否为空	字段描述
branch	char	10	否	否	科
ls	char	10	否	否	属
desc	date	300	否	否	形态描述
tree_D	URL	60	否	否	3D模型访问地址
medicnal_function	Char	300	否	否	功能主治
image	Image	80	否	否	药用植物图片
plant_function	char	300	否	否	药理作用
address	char	60	否	否	分布地区
book	char	30	否	否	出处
add_time	char	3	否	否	添加时间

地理坐标表AddressInfo，主要用于存放经纬度的信息，包括地理坐标、经度、纬度、编号、添加时间，具体见表6-4-6。

表6-4-6 地理坐标表

字段名称	数据类型	长度	主键	是否为空	字段描述
name	Char	10	是	否	地理坐标
longitude	Float	15	否	否	经度
id	int	10	否	否	编号
latitude	Float	15	否	否	纬度
add_time	Date	3	否	否	添加时间

药用植物基础信息表与地理坐标表MeicnalAndAddress，药用植物信息和地理坐标信息表的关系表，包括编号、药用植物名、经纬度、编号、添加时间，具体见表6-4-7。

表 6-4-7　药用植物基础信息表与地理坐标表

字段名称	数据类型	长度	主键	是否为空	字段描述
medicnal_name	Foreign		是	否	药用植物名
address_info	Foreign		否	否	经纬度
id	int	10	否	否	编号
add_time	Date	3	否	否	添加时间

2. 功能模块设计

依据平台设计的功能以及平台需求分析，本平台主要划分了用户管理、管理员管理、药用植物管理三个功能模块，在这三个主要功能模块下各自有对应功能来共同完善平台。功能设计详解见图 6-4-1。

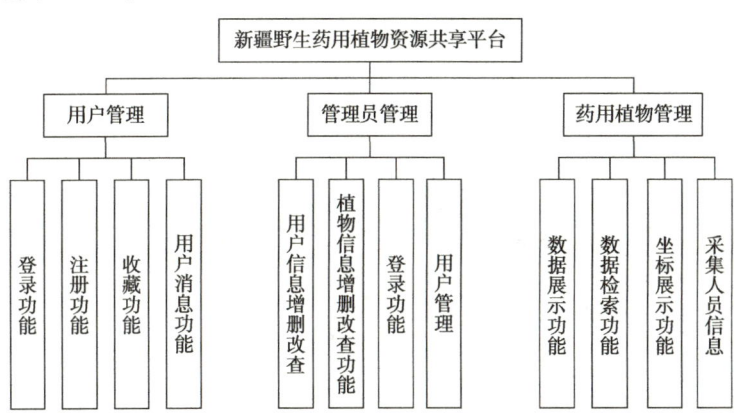

图 6-4-1　系统主要功能设计图

五、共享平台的搭建及其功能模块实现

依据前文中对平台系统的分析，结合具体的需求，现将系统主要划分为用户管理、管理员管理及药用植物管理三个模块。

(一) 用户管理

用户管理模块包含有登录功能、注册功能、收藏功能、用户消息功能、个人中心等功能。用户管理功能的展示，是用户对系统功能最直观的体验。

1. 登录功能

登录功能实现后能够让已经登录的用户拥有更多的功能体验。登录验证用户名称是否存在，确认存在该用户之后再确认对应的用户密码是否一致，最终才能够登录成功。用户登录界面如图 6-5-1 所示。

图 6-5-1　用户登录界面

2. 注册功能

注册功能能够将通过验证的新的用户信息存入数据库，能够让普通的浏览者变为网站的用户，拥有更好的交互式体验。用户注册界面如图 6-5-2 所示。

图 6-5-2　用户注册界面

3. 收藏功能

收藏功能能够让用户对指定植物信息进行收藏操作，使得用户再次查看该植物信息时可以直接进入收藏的页面进行查看，收藏页面详情见图 6-5-3。

图 6-5-3　用户收藏界面

4. 用户消息功能

用户消息功能用于管理员或通知所有用户，用户能够知道最新的动态消息，或者是一个及时的系统提示，实现一个良好的消息响应。

5. 个人中心

个人中心用于展示用户的信息，在个人中心里有一些比较常见的功能，比如用户修改头像，用户修改密码，这些功能能够让用户更好地管理自己的信息，个人中心页面详见图 6-5-4。

图 6-5-4　个人中心界面

（二）管理员管理

Django 自带管理员管理功能。但是，为了追求管理员管理功能更加完善，选择采用第三方库 Xadmin，一个界面优美、功能更加完善的管理员管理系统，同时还可以结合第三方库 Uditor 进行富文本编辑框的开发。

1. 用户信息增删改查功能

主要针对已注册用户,其功能包括后台直接添加新用户,删除已存在用户,查看用户状态,修改用户信息。用户信息界面见图 6-5-5。

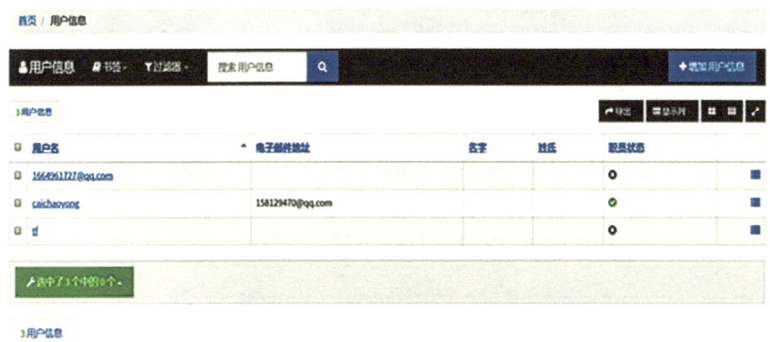

图 6-5-5　用户信息管理界面

2. 药用植物信息增删改查

主要实现对所有已经存在的药用植物信息的一个管理功能,包括后台直接添加、删除、查看、修改药用植物信息。药用植物信息界面见图 6-5-6。

3. 管理员登录功能

项目开始之初通过在 run mannage.py 中 createsupperuser 创建后台管理的超级管理员,此管理员拥有最高权限,之后的所有数据操作不需要通过 Python 或者 MySQL 修改,而是超级管理员在后台管理系统中增删改查。supperuser 的登录界面见图 6-5-7。

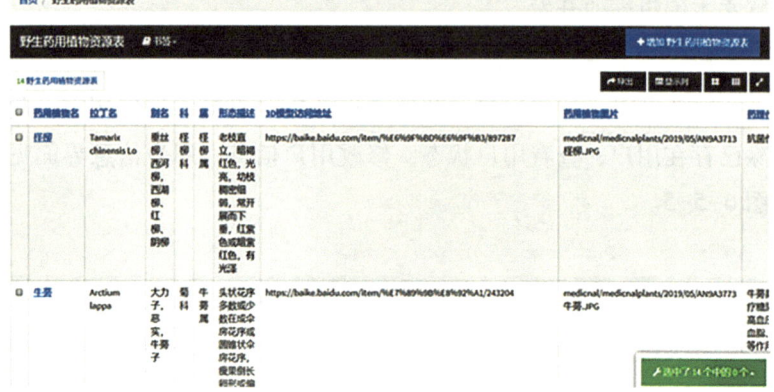

图 6-5-6　药用植物信息界面

图 6-5-7　supperuser 登录界面

4. 管理员权限分配功能

项目建立之初通过 createsupperuser 命令创建的最高权限的用

户为 root。其拥有最高的权限。然后后台通过数据库有多少张数据表，每一张数据表都会创建增删改查权限，root 可以分配给用户查看修改增加某一数据表的权限，便于多管理员对不同数据块系统的分类管理，最普通的注册用户只具有前台展示页面浏览和使用功能，但是管理员可以通过登录后台来分配权限。具体权限内容见图 6-5-8。

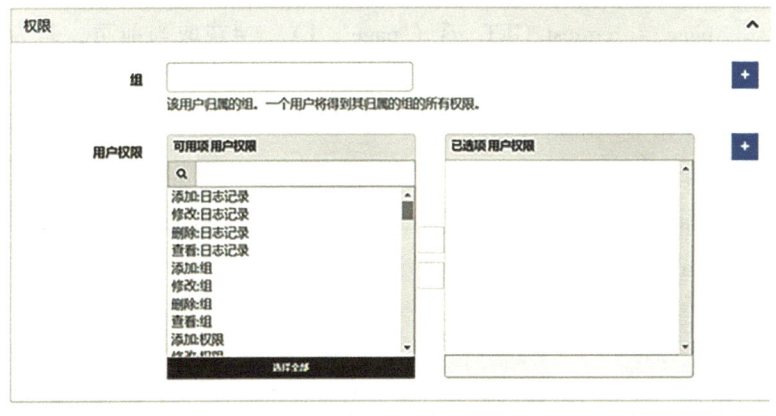

图 6-5-8　root 最高权限管理员权限分配功能

（三）药用植物管理

1. 数据展示功能

数据展示包含了大量数据库设计的字段。展示的字段越多，用户对系统的认知越高。用户能够查看数据库中所有的药用植物，在第一级目录中罗列药用植物的图片和药用植物名，能够让用户直观地看到所有植物信息。随着数据库信息量逐渐变大，使用分页功能，将不能一次全部展示出来的数据分放到其他页面，

能够提高浏览速度,分页界面详情见图6-5-9。接着点击对应的植物就能够进入该植物详细的介绍页面,里面包含了很多数据库的字段,能够让用户更好的从中得到植物信息,详情展示界面见图6-5-10。因为分页显示在系统中发挥着非常重要的功能,分页逻辑和分页功能实现核心代码见图6-5-11,并配有代码注释,方便理解。

try:

  page = request. GET. get('page',1) #获取当前页,若为空,则默认为第一页

except PageNotAnInteger:

  page = 1

P = Paginator(medicnalplants,4,request = reguest) #对于medicnalplants字段数据每页展示四个数据

图6-5-9 分页功能

野芝麻 收藏

中文名：野芝麻
文献：《植物名实图考》
科　名：Lamium barbatum Sieb(唇形科)
异　名：白花益母草、土天子、山麦胡、野藿香、山芝麻、山苏子等

形态描述：
春时丛生，方茎四棱，棱青，茎微紫，对节生叶，深齿细纹，皱似麻叶木平末尖，面青背淡，微有涩毛，绕节开花，色白，筒上直，长几半寸。上唇下覆如勺，下唇圆小双歧，两旁短缺，如鱼张口。

图象数据：

图 6-5-10　数据详情展示

2. 数据检索功能

数据检索功能是系统重要功能之一，本系统采用 Ajax 实现二级联动和输入框检索。据研究，当检索的数量增加时，检索效率优势更显著。输入框加二级联动全是与运算的检索，只有当四个条件都成立的数据才会被检索出来，由此得出结论，检索的条件和检索的精度是成正比的，检索详情页面见图 6-5-11。

图 6-5-11 数据检索

Ajax 二级联动代码和查询逻辑如下：

get（self，request）：def

  Branch_ name = request. GET. get（'branch'）

  Plant_ name = request. GET. get（'plantname'） #GET 方法获取前段用户输入数据

  Plant_ address = request. GET. get（'plantaddress'）

  if branch_ name： #第一级判断，检测是否选择 select 并传回数据

    medicnalplants = MedicnalPlants. objects. filter（id = branch name，name icontains = plant_ name，address_ icontains = plant_ address）

  else：

    if plant_ name： #第二级判断，检测植物名 input 输入框是否传回数据

medicnalplants = MedicnalPlants.obiects.filter（name_icontains=plant_ name，address_ icontains=plant_ address）

else：

if plant_ address：#第三级判断，检测地址 input 输入框是否传回数据

medicnalplants = MedicnalPlants.obiects.filter（address_ icontains=plant_ address）

else：

medicnalplants = MedicnalPlants.obiects.all（）

3. 坐标展示功能

因为野生药用植物人工干预因素少，所以分布的地区可能是人迹罕至，也可能分布的是人为密集的地区，但因为的野生药用植物分布的不确定性，所以对每一株药用植物的记载，经纬度是对野生药用植物最好的信息记录和管理的方式，管理员可以看到最直观的数据。提供用户地图展示，这样不仅让用户大致了解野生药用植物的分布，精确的定位还使得受保护植株不会受到人为破坏。

4. 采集人员信息展示功能

主要对用户展示药用植物图片拍摄者的信息，以及拍摄者所拍摄的照片及拍摄地点，如图 6-5-12 所示。

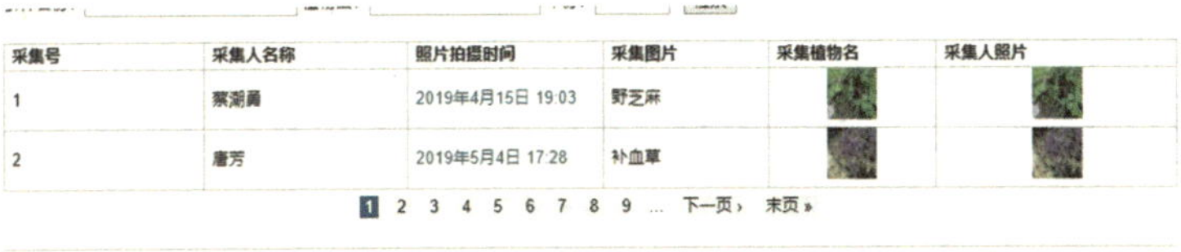

图 6-5-12 采集人员信息界面

六、总结

本章着重介绍了新疆野生药用植物资源共享平台的建设背景、意义、国内外现状及关键技术,为平台的开发提供了理论基础和实践指导。首先,鉴于新疆中草药产业的蓬勃发展及普查工作深入实施,对野生药用植物资源实现信息化管理和共享的迫切需求不断增强。虽然国内已有 NASII、中医药数据库等资源,但在信息整合、图文展示、数据更新和用户交互等方面依然存在不足,亟待借鉴国外先进经验,推动传统书籍向数字平台转化。其次,本章详细阐述了平台开发所采用的关键技术,包括 Python 语言及其丰富的第三方库、基于 Django 框架的 MVC/MVT 模式设计、RESTful API 的架构理念以及 MySQL 数据库的高效管理。平台不仅实现了基础的数据存储与管理,还通过用户管理、后台管理和药用植物管理等模块,整合了用户注册、登录、收藏、消息、分页查询、数据检索与地图展示等多个功能,从而为用户提供了直观、便捷的信息获取和交流体验。最后,通过需求分析和整体架构的设计,系统展示了平台从数据库设计到前后台功能实现的全过程,为进一步开发和优化新疆野生药用植物资源共享平台奠定了坚实的理论和技术基础。

参考文献

[1] 孔志军. 国外信息资源共建共享研究现状及发展趋势[J]. 图书馆建设, 2008 (5): 33-36.

[2] 肖翠, 雒海瑞, 陈铁梅, 等. 国家标本资源共享平台数字化进展与现状分析[J]. 科研信息化技术与应用, 2017, 8

(4):6-12.

[3] 郭敬,李红梅,孟凡敏.国家标准物质资源共享平台建设[J].中国计量,2013(6):26-27.

[4] 肖翠,李明媛,叶芳,等.基于千万标本记录的NSII发展方向的探索[J].科研信息化技术与应用,2018,9(5):7-26.

[5] 闫跃龙.C语言、VB还是Python:谈高校非计算机专业学生编程入门课程选择[J].计算机教育,2018(7):32-34.

[6] 嵩天,黄天羽,礼欣.面向计算生态的Python语言入门课程教学方案[J].计算机教育,2017(8):7-12.

[7] 汤磊.基于Django的维稳平台情报信息管理与分析系统研究与实现[D].重庆:西南交通大学,2017.

[8] 刘义忠,张伟.基于SSM框架的后台管理系统设计与实现[J].软件导刊,2019,18(2):68-71.

[9] HAI YAN ZHU, XIN PING ZHAO. Chinese Garbled Studies with PHP and MySQL Platform [J]. Advanced Materials Research, 2014, 3181 (926): 256-259.

[10] 龚四勇.基于REST Web service的医院数据交换平台设计与实现[D].成都:电子科技大学,2017.

[11] Souza R, Pinho F, Olivi L et al. A restful platform for networked robotics, 2013 10th International Conference on Ubiquitous Robots and Ambient Intelligence (URAI), Jeju, 2013:423-428.

[12] 孙杨.基于REST风格构建Web服务的研究与应用[D].成都:电子科技大学,2009.